Vorwort.

Ich übergebe diese Schrift der Öffentlichkeit, in der Hoffnung, daß sie dem Konstrukteur, der nicht Zeit hat, aus der umfangreichen Literatur das zusammenzutragen, was er zur Berechnung von Brückenkranen und ähnlichen Konstruktionen benötigt, Arbeit erspart. Der Konstrukteur hat dann an Hand des Berechnungsplanes gleich von Anfang an einen Überblick und kann die gewonnenen Resultate der zwei bis ins einzelne ausgeführten Beispiele zum Vergleich und zur Kontrolle benützen.

In erster Linie war es mir hierbei jedoch darum zu tun zu beweisen, welche Vorteile statisch unbestimmte Systeme bieten. Dieselben ermöglichen, wenn zweckmäßig angewandt, eine im stat. best. System nicht erreichbare vollkommenere Materialausnützung (resp. Gewichtsersparnis), was besonders für motorisch bewegte Eisenkonstruktionen, wie sie im Kranbau die Regel, von ganz hervorragender wirtschaftlicher Bedeutung.

München, im Dezember 1924.

J. M. Bernhard.

Inhaltsverzeichnis.

I. Teil.

II. Teil.

Quellenangaben.

Beiträge zur Berechnung von Bogendächern. Von Prof. Dr. F. Kögler.

Eisenkonstruktionen der neueren Lauf- und Brückenkrane. Von Geh. Reg.-Rat Prof. Dr. Kammerer.

Einflußlinien. Dr.-Dissertation von Prof. Dr. Fr. Kögler.

Eisenbau. Zeitschrift. Verladebrücke. Von W. L. Andrée u. a.

Graphische Statik I und II. Von Geh. Reg.-Rat Prof. Dr. Müller, Breslau.

Statik des Eisenbaues. Von W. L. Andrée.

Statik des Kranbaues. Von W. L. Andrée.

Über die wirtschaftliche Bewertung einiger Antriebsanordnungen bei Brückenkranen. Dr.-Dissertation von Dr. L. David.

Zeitschrift des Vereins deutscher Ingenieure.

Berichtigung.

Tafeln;

K.-Bl. 1	Fig. 1	zu lesen: l_1 statt l_i					
K.-Bl. 3	» 4	(oben rechts und links) zu lesen:		49 tm	statt	28 tm	
K.-Bl. 3	» 4	(oben in Mitte)	» »	57 tm	»	32 tm	
K.-Bl. 3	» 4	(unten links)	» »	54 tm	»	48 tm	
K.-Bl. 3	» 2	(links oben)	» »	63,4 tm	»	55,4 tm	
K.-Bl. 8	» 1	Stützenhöhe	» »	10	»	12	
K.-Bl. 17	» 7		» »	K_a'	»	K_a	
K.-Bl. 19	» 9	zu lesen: $-W_v$ $-W_v$ $+W_v$ $+W_v$ statt W_v W_v W_v W_v					
K.-Bl. 14	» 3	die Kurve c ist die strichpunktierte					
K.-Bl. 14	» 4	zu lesen 7,7 statt 77					

I. Teil.

Ausführung nach Fig. 1

mit zwei innenliegenden, horizontalen Windträgern und oben laufendem Drehkran für 4 t Nutzlast.

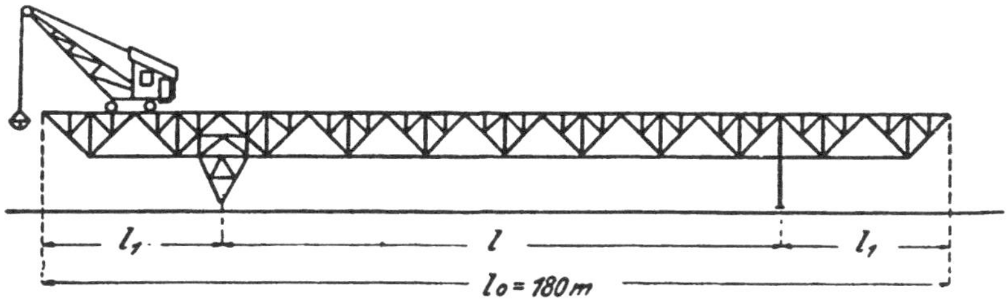

Fig. 1.

Die Konstruktion ist statisch bestimmt.

Ermittlung der günstigsten Stützenentfernung l

bei einer Gesamtlänge von $l_0 = 180$ m

a) aus dem Eigengewicht:

Das gleichmäßig verteilte Eigengewicht wird zunächst schätzungsweise mit $g = 0{,}8$ t/m angenommen.

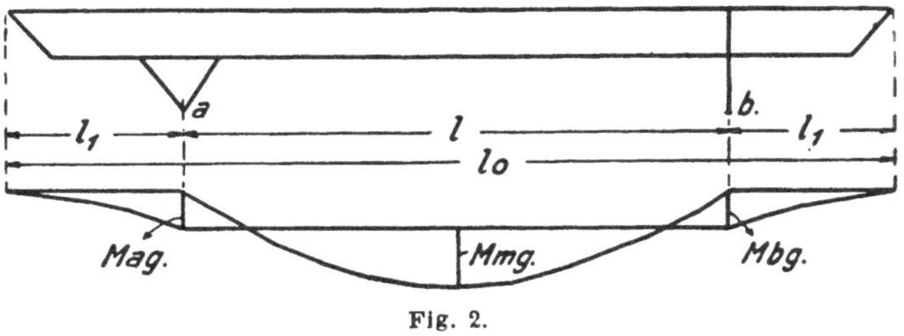

Fig. 2.

Bedingung: $M\,bg = M\,ag = M\,mg$ (s. Fig. 2).

D. h., die Momente über den Stützen sind gleich demjenigen über Brückenmitte oder

$$g \cdot \frac{l_1^2}{2} = g\,\frac{l^2}{8} - g\,\frac{l_1^2}{2}$$

$$l_1^2 = \frac{l^2}{8}$$

$$l_1 = \sqrt{\frac{2\,l^2}{16}} = \frac{l}{4}\sqrt{2}$$

$$l = l_0 - 2\,l_1 = l_0 - 2\,\frac{l}{4}\sqrt{2}$$

$$l_0 = l\,(1 + \tfrac{1}{2}\sqrt{2})$$

$$\underline{l} = \frac{l_0}{1 + \tfrac{1}{2}\sqrt{2}} = \underline{0{,}586\,l_0} \quad . \; . \; . \; . \; . \; . \; . \quad \text{(I)}$$

Nach Einsetzung des Zahlenwertes $l_0 = 180$ m ergibt sich:

$$l = \frac{180}{1 + \tfrac{1}{2}\sqrt{2}} = \underline{105\ \text{m.}}$$

b) aus den Einzellasten:

Angenommen $\qquad P_1 = P_2 = \frac{R}{2} = P$

dann ist $\qquad M_{ap} = P\,(l_1 + l_1 - b)$

$$M_{mp} = \frac{R}{4\,l}\left(l - \frac{b}{2}\right)^2 \quad \text{(s. Hütte I, 554, 22)}$$

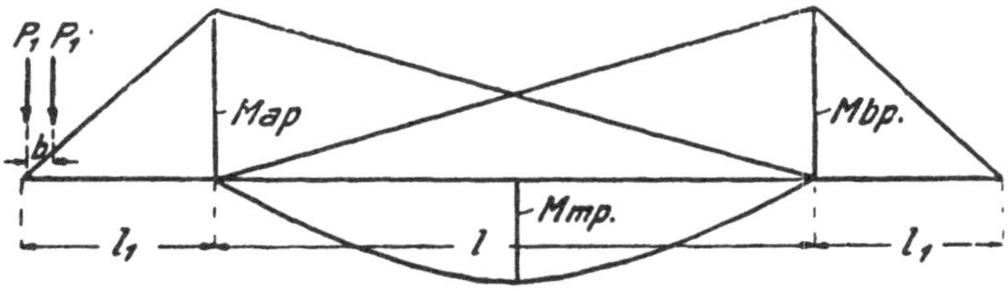

Fig. 3.

Bedingung:

$$M_{ap} = M_{mp}$$

oder

$$P\,(l_1 + l_1 - b) = \frac{2\,P}{4\,l}\left(l - \frac{b}{2}\right)^2$$

$$2\,l_1 \cdot 2\,l - b \cdot 2\,l = l^2 - \frac{2\,l\,b}{2} + \frac{b^2}{4} \quad . \; . \; . \; . \; . \quad \text{(II)}$$

Ferner ist

$$2\,l_1 + l = 180 - 2 = 178\,\text{m}$$

$$l = 178 - 2\,l_1$$

oder

$$l_1 = \frac{178}{2} - \frac{l}{2}$$

und

$$b = 4.6\,\text{m}.$$

Aus Gl. II ergibt sich dann:

$$2\,l\,(178 - l) - 4{,}6 \cdot 2 \cdot l = l^2 - \frac{2 \cdot l \cdot 4{,}6}{2} + \frac{4{,}6^2}{4}$$

$$-2\,l^2 - l^2 + 2 \cdot 178\,l - 9{,}2\,l + 4{,}6\,l - 5{,}3 = 0$$

$$-3\,l^2 + l\,(356 - 4{,}6) - 5{,}3 = 0$$

$$\underline{l} = \sim \underline{117\ \text{m.}}$$

Das günstigste Verhältnis für die Kombination a) und b) ist dann ungefähr der Mittelwert:

$$\frac{105 + 117}{2} = \frac{222}{2} = \sim \underline{110\,\text{m.}}$$

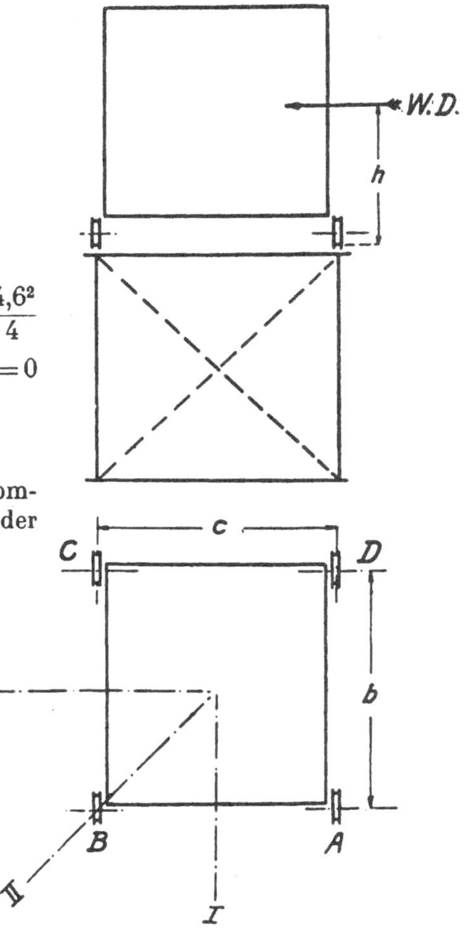

Fig. 4.

Die Raddrucke bei verschiedenen Auslegerstellungen.

Gesamtgewicht des Drehkrans	ca.	28 t
Gewicht des Greifers . .	»	2 t
Gewicht der Last	»	4 t
	Sa.	34 t

Ausleger über I.	Ausleger über II.	Ausleger über III.
A = 14 t ca.	A = 7,5 t ca.	A = 3,5 t ca.
B = 14 t »	B = 18,5 t »	B = 15,5 t »
C = 4,5 t »	C = 7 t »	C = 15,5 t »
D = 4,5 t »	D = 3,5 t »	D = 3 t »

Hierin bedeuten:

W_D = Wind auf das Drehkranhaus,
b = Radstand der Katze = 4,6 m.
I, II und III = Auslegerstellungen.

Die Raddrucke sind mit Zuschlag aus Wind auf den Drehkran gerechnet

Raddruckzuschlag: $\frac{W_D \cdot h}{2c}$.

Berechnung der Hauptträgerhöhe

nach Hütte III, 22. 944, ist:

$$\boxed{h = \frac{l}{c} \cdot \frac{M_p}{M_p + M_g}}$$

Hierin ist c nach Tabelle = 7.

$$M_{p\,max} = \frac{(15{,}5+15{,}5)\,(110-2{,}3)^2}{4 \cdot 110} = 820\,\text{tm} \left(\frac{2\,P \cdot \left(l - \frac{b}{2}\right)^2}{4\,l} \text{ Parabelmax.} \right)$$

$$M_{g\,max} = \frac{0{,}8 \cdot 110 \cdot 110}{8} - \frac{0{,}8 \cdot 35 \cdot 35}{2} = 1210 - 500 = 710 \text{ tm ca.}$$

$$h = \frac{110}{7} \cdot \frac{820}{820 + 710} = 8{,}5$$

Da das Trägergewicht etwas zu hoch geschätzt, nehmen wir

$\underline{\underline{h = 9\,\text{m.}}}$

Belastungszustände mit den zulässigen Beanspruchungen.

a) für die Hauptträgergurtungen sowie Windträger und Rahmen.

1. Eigengewicht + Nutzlast + Wind 200 kg/qm . . k = 1400 kg/qcm
2. Eigengewicht + Nutzlast + Wind 100 kg/qm
   \+ Bremsen bzw. Auflaufen auf Prellbock . . k = 1200 »
3. Eigengewicht + Nutzlast + Fahrwiderstandsausgleich (s. daselbst) bei Gegenwind von 100 kg/qm k = 800 »

b) für die Füllungsstäbe.

Dieselben werden im wesentlichen nur durch Eigengewicht und Nutzlast beansprucht.

Beanspruchungen durch Wind, Bremsen, Greiferschwenken usw. sind unbedeutend.

Berechnung der Diagonalen.

Die graphische Berechnung der Diagonalen, soweit Eigengewicht, Last und Katze in Frage kommt, ist aus K.-Bl. 2 zu ersehen. Zu diesem Zwecke wurden die Querkräfte aus Last und Eigengewicht zusammengestellt und mit Hilfe der darunter gezeichneten Einflußlinien, welche die ungünstigsten Katzenstellungen für positive und negative Belastung angeben, die entsprechenden Diagonalkräfte graphisch bestimmt. Die Stabkräfte für die untere Gurtung U_2 sowie für die Diagonalen über den Stützen wurden besonders mit Hilfe von Einflußlinien ermittelt (s. K.-Bl. 2, Fig. 4, 5 und 6). Die Querkräfte im Mittelfeld aus Katze mit Last Ende Ausleger sind mit 9,15 t eingetragen

$$\left(\frac{M_p}{l} = \frac{1000\,\text{tm}}{110\,\text{m}} \cong 9{,}15\,\text{t}\right).$$

Entwicklung der Einflußlinien für D_4' und D_5'.

Die Last $P = 1$ im Knotenpunkt 6 (K.-Bl. 2, Fig. 1) erzeugt einen Auflagerdruck $\mathfrak{A} = \frac{1 \cdot x'}{l}$, der durch die Schrägstütze halbiert wird.

$$\mathfrak{A}' = \frac{\mathfrak{A}}{2} = \frac{1 \cdot x'}{2\,l}.$$

Zerlegung des Vertikalschubes in Richtung der Diagonale:

$$D_4' = \frac{A'}{\sin\alpha} = \frac{1 \cdot x'}{2\,l} \cdot \frac{1}{\sin\alpha},$$

wir haben nun das Verhältnis:

$$D_4' : x' = \frac{1}{2 \cdot \sin\alpha} : l = 0{,}718 : l$$

das wir graphisch auftragen können (s. K.-Bl. 2, Fig. 4 u. 5) und erhalten dann die Einflußlinien für D_4' und D_5'. Es ist, da $P_1 = P_2$:

$$\boxed{\boldsymbol{D_4' = P_1 (\eta_1 + \eta_2) \cdot \mu}}$$

Hierin ist μ der η-Maßstab

$$\begin{aligned}
-D_4' &= 15{,}5\ (0{,}718 + 0{,}682) = -21{,}8\,\text{t}\\
+D_4' &= 15{,}5\ (0{,}66\ \ + 0{,}64)\ \ = +20{,}2\,\text{t}\\
+D_5' &= 15{,}5\ (0{,}66\ \ + 0{,}64)\ \ = +20{,}2\,\text{t}\\
-D_5' &= 15{,}5\ (0{,}718 + 0{,}682) = -21{,}8\,\text{t}
\end{aligned}$$

Das Eigengewicht ergibt:

$$\boxed{\boldsymbol{D_{4g} = F \cdot g \cdot \mu}}$$

Hierin ist F die $\pm$ Einflußfläche, und zwar in m $\times$ cm und $g = 0{,}8$ t pro m Trägergewicht.

Entwicklung der Einflußlinie für U_2.

Der Untergurtstab U_2 über der Stütze wird außer den Kräften, die das Lastmoment erzeugt, noch von solchen der Stützenreaktion beansprucht.

Wirkt $P = 1$ im Endpunkt des Kragarmes und bezeichnet φ den halben Fußwinkel der Stütze, λ die Feldweite (s. Fig. 1) so ist:

$$U_2 = -1 \frac{l_1}{h} + \mathfrak{A}' \frac{\lambda}{h} + \mathfrak{A}' \cdot \operatorname{tg} \varphi$$

$A' tg \varphi$ ist hierbei die horizontale Komponente der Stützenstabkraft $\overline{A6}$, die in 6 angreift und in Richtung des Stabes U_2 zerlegt wurde. Die halbe Auflagerreaktion:

$$\mathfrak{A}' = \frac{1\,(l + l_1)}{l} \cdot \frac{1}{2}$$

deshalb

$$U_2 = -1 \cdot \frac{l_1}{h} + \frac{l + l_1}{2\,l} \left(\frac{\lambda}{h} + \operatorname{tg} \varphi \right).$$

Die Werte eingesetzt ergibt:

$$U_2 = -\frac{35}{9} + \frac{145}{220} \left(\frac{9,17}{9} + 0,917 \right)$$
$$= -3,9 + 1,28 = -2,62.$$

Um die Einflußlinie (Fig. 6) zeichnen zu können, ist es nur nötig, die Werte $-2,62$ und $+1,28$ unter der angreifenden Last $P = 1$ aufzutragen. Wir erhalten dann:

$$-\underline{U_2} = -15,5\,(2,45 + 2,00) = -\underline{69\,\mathrm{t}}$$
$$+\underline{U_2} = +15,5\,(1,00 + 0,95) = +\underline{30\,{}^1\!/_2\,\mathrm{t}}$$

Das Eigengewicht ergibt

$$\underline{U_{2g}} = \mu \cdot F \cdot 0,8 \qquad = \text{ca. } +\underline{20\,\mathrm{t}.}$$

Berechnung des Obergurtes.

Derselbe wird beansprucht:

1. Durch Normalkräfte aus Eigengewicht und Last (s. K.-Bl. 1);
2. durch Biegungsmomente aus dem max. Raddruck

$$R_{\max} = 18,5\ \mathrm{t}\ \ (\text{s. S. } 3).$$

Die Feldweite λ_0 ist hierbei im Hauptträger mit $110:12 = 9,18$ m, im Ausleger mit

$$\left(\frac{180 - 110}{2} - 9,18 \right) : 3 = 8,61\ \mathrm{m}$$

angenommen und oben dreifach unterteilt. (Die dreifache Unterteilung ist wirtschaftlicher.)

Der Obergurt stellt einen Balken auf n elastisch senkbaren Stützen mit veränderlichem Trägheitsmoment dar.

Mit Rücksicht auf die Stoßwirkungen, die nur näherungsweise bestimmt werden können, kann ohne weiteres die im Kranbau übliche Formel

$$M = \frac{P \cdot \lambda}{6}$$

verwendet werden (anstatt des vollen Momentes $\frac{P \cdot \lambda}{4}$.

Das max. Moment ist also mit $\frac{4}{6}$ zu multiplizieren.

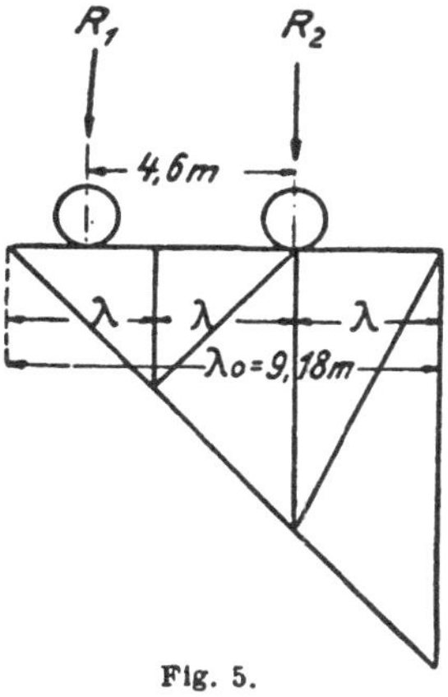

Fig. 5.

$$\boxed{M_{max}^{\downarrow} = \frac{R \cdot \lambda}{6}} = \frac{18{,}5 \cdot 3{,}06}{6} = \underline{9{,}5 \text{ mt.}}$$

λ ist hierbei $\frac{\lambda_0}{3} = \frac{9{,}18}{3} = 3{,}06$ m $\qquad k_b = \frac{M}{W}$.

3. Durch ein Biegungsmoment infolge der wagrechten Spurkranzdrücke des Drehkrans aus Wind und Schrägzug der Last.

$D = 1{,}0$ t ca. bei 100 kg Wind pro qm

$D = \underline{2{,}0}$ » » » 200 » » » »

$D = 0{,}43$ t » » Bremsung (s. Massenkräfte)

$$M_{max}^{\rightarrow} = \frac{D_{max} \cdot \lambda}{6} = \frac{2 \cdot 3{,}06}{6} = \underline{1 \text{ tm}} \text{ ca.}$$

4. Durch Normalkräfte aus Wind in horizontaler und vertikaler Richtung.

K.-Bl. 1 zeigt nun die Konstruktion der Momentenkurven aus Eigengewicht und Last für die verschiedenen Katzenstellungen. Die parabelförmig verlaufenden Momentenkurven wurden für jeden Knotenpunkt graphisch bestimmt (s. Fig. 2) (genauer müßten eigentlich zwei Parabeln gezeichnet werden). In Fig. 3 sind dann die Summen der max. links und rechtsdrehenden Momente für jeden Knotenpunkt des Trägers zusammengestellt.

Die max.-Momente in Mitte Mittelfeld und über den Stützen (Fig. 2) wurden gerechnet:

Dieselben sind:

1. Mitte Mittelfeld:

$$Mp_m = \frac{R}{4l}\left(l - \frac{b}{2}\right)^2 = \frac{15,5}{2 \cdot 110}(110 - 2,3)^2 = \sim + \underline{820 \text{ tm}}$$

$$Mg_m = \frac{0,8 \cdot 110 \cdot 110}{8} = \qquad + \underline{1210 \text{ tm}}$$

2. Über den Stützen

$$M_p = 15,5\,(34 + 29,4) = \qquad - \underline{1000 \text{ tm}}$$

$$M_g = 35,5^2 \cdot 0,8 \cdot \frac{1}{2} = \qquad \sim - \underline{500 \text{ tm}}$$

Die Gurtspannungen rechnen sich dann nach der Formel

$$\boxed{S = \pm \frac{M}{h}}$$

Hierbei ist h die Trägerhöhe.

Beanspruchung des Materials.

1. Das in Ruhe befindliche Tragwerk ist einem Sturm von 200 kg/qm ausgesetzt.

$k = 1600$ kg/qcm

lt. Vorschrift des preußischen Ministeriums.

2. Brücke in Ruhe, Drehkran im Betrieb

$k = 1400$ kg/qcm.

3. Der Brückenkran wird in voller Fahrt abgebremst, sodaß Schleifen der Räder eintritt $k = 1200$ kg/qcm.

4. Brücke in voller Fahrt (Drehkran in Ruhe). Infolge Ausgleichs der Fahrwiderstände sind die Horizontalverbände der Brücke großen Spannungsschwankungen ausgesetzt.

k zuläß. nach Häseler (s. Hütte 22. I. 512).

$$k_z = \frac{\sigma_e}{\mu} \cdot \frac{S_0 + S_1}{S_0 + \zeta S_1}\left(1 - {}^1/_3 \frac{S_{\min}}{S_{\max}}\right)$$

k_z durchschnittlich ca. 800 kg/qcm.

Hierbei ist: ζ Stoßzahl $= 1,2$, abweichend nach gen. Quelle bedeutet:

S_1 die Stabkraft infolge von Eigengewicht + Nutzlast + Gegenwind + Fahrwiderstandsausgleich (da alle diese Kräfte die Größe des Stoßes bestimmen),

S_0 die durch das Eigengewicht hervorgerufene Spannung.

Beanspruchung des Windträgers durch den Ausgleich der Fahrwiderstände.

Allgemeine Betrachtung:

1. Eine lotrechte Einzellast Q (Fig. 6) erzeugt

einen Auflagerdruck bei A: $\frac{Q \cdot d}{l}$

» » » B: $\frac{Q \cdot c}{l}$

Fahrwiderstand bei A sei F_a,

Fahrwiderstand bei B sei F_b.

Fig. 6.

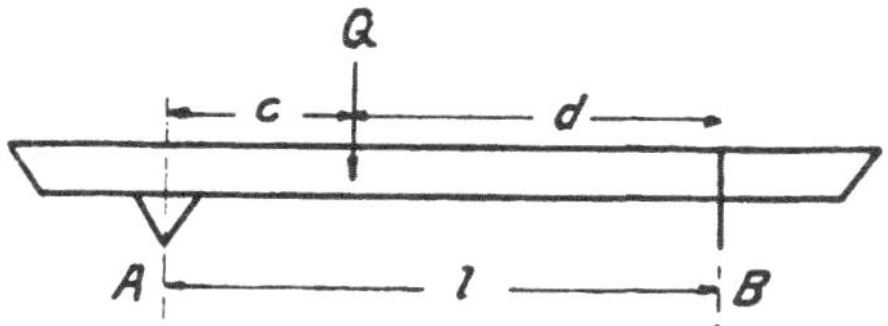

Fig. 7.

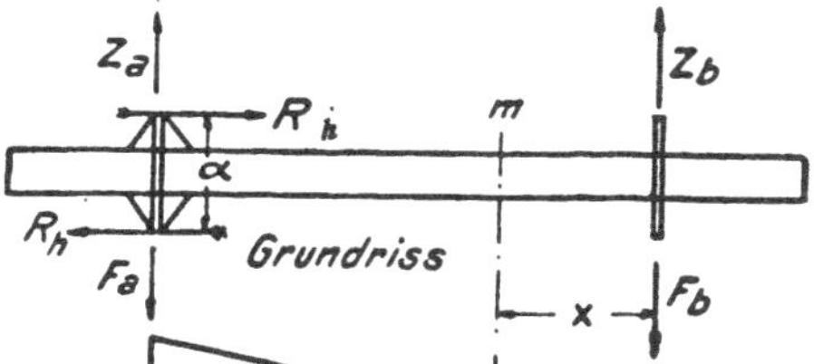

Fig. 8.

Zur Überwindung dieser beiden Widerstände stehen zwei gleichstarke Motoren mit der Zugkraft

$$Z_a = Z_b = \frac{F_a + F_b}{2}$$

zur Verfügung.

Da nun F_a und F_b bei einseitiger ungünstiger Drehkranstellung nicht gleich, so entsteht ein Moment (Fig. 8), das den linken Ständer in A verdreht; durch das Kräftepaar $R_h \cdot a$ aber im Gleichgewicht gehalten wird

$$R_h \cdot a = (Z_b - F_b) \cdot l$$

Da aber

$$Z_b = \frac{F_a + F_b}{2}$$

so wird

$$R_h \cdot a = l\left(\frac{F_a + F_b}{2} - F_b\right) = l \cdot \frac{F_a - F_b}{2}.$$

Für m ist das Moment $M_m = \frac{F_a - F_b}{2} \cdot x$

» A » » » $M_a = \frac{F_a - F_b}{2} \cdot l$ (Fig. 8).

2. Es wirke eine nach einem gewissen Gesetz verteilte horizontale Kraft H_R (Fig. 9).

Die Zugkräfte der Motoren sind wieder

$$Z_a = Z_b = \frac{H_R}{2}.$$

Damit Gleichgewicht besteht, muß sein

$$R_h \cdot a = -H_R \cdot c + Z_b \cdot l$$

oder

$$R_h = \frac{H_R \cdot \left(-c + \frac{l}{2}\right)}{a}$$

Fig. 9.

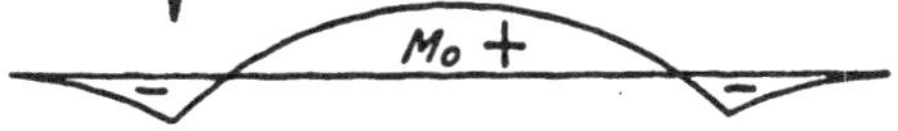

Fig. 10.

Fig. 11.

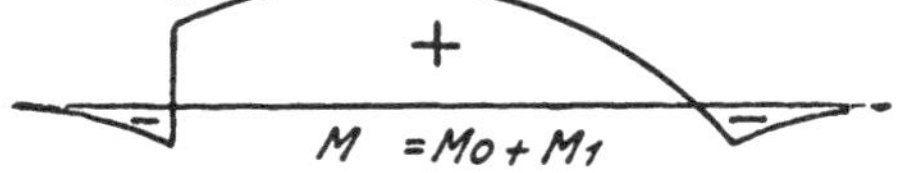

Fig. 12.

Das Moment in m ist

$$M_m = Z_b \cdot x - \sum_0^8 (P \cdot r).$$

Nun ist

$$Z_b = \frac{H_R}{2} = \frac{H_a + H_b}{2} = H_b + \frac{H_a - H_b}{2}$$

deshalb

$$M_m = H_b \cdot x + \left(\frac{H_a - H_b}{2}\right) x - \sum_0^8 (P \cdot r)$$

oder

$$M_A = H_b \cdot l - \Sigma (P \cdot r) + \frac{H_a - H_b}{2} \cdot l.$$

Zusammenfassung:

1. Aus den vertikalen Kräften erhalten wir die Momentengleichung

$$R_h \cdot a = l \cdot \frac{F_{1a} - F_{1b}}{2}$$

$$\boxed{M_A = \frac{F_{1a} - F_{1b}}{2} \cdot l}$$

2. Aus den horizontalen Kräften:

$$R_h \cdot a = H_R\left(-c + \frac{l}{2}\right)$$

$$\boxed{\begin{aligned} M_A &= \frac{F_{2a} - F_{2b}}{2} \cdot l &&+ F_{2b} \cdot l - \Sigma (P \cdot r) \\ M_A &= M_1 &&+ M_0 \end{aligned}}$$

(s. Fig. 10, 11 u. 12).

Da bei einer Länge der Brücke von 180 m eine Differenz der Windstärken nicht ausgeschlossen, so wurde eine solche von 20 vH angenommen.

Die zwischen den Hauptträgern in jedem Knotenpunkt befindlichen Auskreuzungen bewirken die Übertragung aller Horizontalkräftc auf die beiden Windträger.

Da Hauptträger und Windträger gemeinsame Gurtungen haben, sind diese Kräfte zu denjenigen des Hauptträgers sinngemäß zu addieren.

Berechnung der Windträger s. K.-Bl. 3.

Die Fahrwiderstände.

Dieselben setzen sich zusammen:

1. aus dem Fahrwiderstand infolge Eigengewicht durch zwangläufige Reibungsverluste; nach Dr. Pape (Berlin Dietz. 1910) und Hütte II. 22. 460 ist:

$$\boxed{\begin{aligned} F_{a_1} &= \frac{A}{R}\left(\mu \cdot r + f + \mu_1 \cdot R \operatorname{tg} \gamma + 1{,}5\, \mu_1 \cdot \mu_2 \cdot r_m + \mu_1^2 h\right) \\ F_{b_1} &= \frac{B}{R}\left(\mu \cdot r + f \cdot \mu_1 \cdot R \operatorname{tg} \gamma + 1{,}5\, \mu_1 \cdot \mu_2 \cdot r_m + \mu_1^2 h\right) \end{aligned}}$$

Hierin bedeuten:

R = Laufrollenhalbmesser = 30 cm,
μ = Reibungszahl zwischen Zapfen und Lager = 0,08,
A = den gesamten linken Auflagerdruck in Tonnen,
B = den gesamten rechten Auflagerdruck in Tonnen,
r = Zapfenhalbmesser = 10 cm,
f = Hebelarm der rollenden Reibung in cm = 0,05,
μ_1 = Gleitreibungsziffer zwischen Rad und Schiene = 0,17,
μ_2 = Reibungsziffer der Nabenstirn = 0,1,
h = ideeller Hebelarm der Spurkranzreibung = 5,0 cm,
r_m = mittlerer Nabenhalbmesser = 8 cm,

$$\operatorname{tg}\gamma = \frac{\text{Spiel der Laufräder auf Schiene}}{\text{Radstand}} = \frac{3\text{ cm}}{2000\text{ cm}} = \frac{1}{666}.$$

Mit diesen Werten wird der obige Klammerausdruck = 1,2

$$A = \frac{180 \cdot 0{,}8 \cdot 2}{2} + \frac{34 \cdot 142}{110} = \qquad 188\text{ t}$$

Hierin ist 0,8 = g = Gewicht des Trägers pro m
34 = Gewicht des Drehkrans mit Last in Tonnen.

Hinzu kommt Gewicht des Hauptrahmens	23 t
Gewicht der Unterwagen	20 t
Sa.	231 t

Anmerkung: In der Formel für A ist 142 = Abstand der Katze von der rechten Stütze in m.

$$B = \frac{2 \cdot 180 \cdot 0{,}8}{2} - \frac{34 \cdot 32}{110} = 134\text{ t}$$

Hinzu kommt Gewicht des Nebenrahmens =		14 t
Gewicht der Unterwagen . . .	ca.	20 t
	Sa.	168 t

Die Fahrwiderstände unter ad. 1 sind:

$$\underline{F_{a_1}} = \frac{A}{R} \cdot 1{,}2 = \frac{231 \cdot 1{,}2}{30} = \underline{9{,}25\text{ t}}$$

$$\underline{F_{b_1}} = \frac{B}{R} \cdot 1{,}2 = \frac{168 \cdot 1{,}2}{30} = \underline{6{,}70\text{ t.}}$$

2. Aus den Fahrwiderständen aus Gegenwind (100 kg/qm)

$$F_{a_2} = \frac{0{,}22 + 0{,}264}{2} \cdot \frac{180 \cdot 57^1/_2}{110} - \frac{0{,}22 + 0{,}228}{2} \cdot \frac{35 \cdot 35}{2 \cdot 110} + \frac{2 \cdot 142}{110} = \underline{24{,}2\text{ t}}$$

$$F_{b_2} = \frac{0{,}22 + 0{,}264}{2} \cdot \frac{180 \cdot 52^1/_2}{110} - \frac{0{,}264 + 0{,}255}{2} \cdot \frac{35 \cdot 35}{2 \cdot 110} = \underline{19{,}2\text{ t.}}$$

(Die Bedeutung der Zahlen ist aus Fig. 1 K.-Bl. 3 ersichtlich.)

3. Aus den Fahrwiderständen infolge Klemmen, durch Anpressen der Spurkränze an Schienenkopf, Nabenstirnen an die Wangenbleche (aus dem horizontalen Raddruck R_h s. daselbst).

$$\boldsymbol{F_{a_3} = \frac{2\,R_h \cdot \mu_1 \cdot h + 2\,R_h \cdot \mu_2 \cdot r_m}{R}}$$

Hierin bedeuten:

R = Laufradhalbmesser = 30 cm,
R_h = horizontaler Laufradspurkranzdruck senkrecht zur Schiene,
μ_1 = Gleitreibungszahl zwischen Rad und Schiene = 0,17,
μ_2 = Reibungsziffer der Nabenstirn = 0,1,
r_m = mittlerer Nabenhalbmesser = 8,0,
h = ideeller Hebelarm der Spurkranzreibung = 5,0 cm.

Voraussetzung der Rechnung ist ferner:

Laufräder des Hauptrahmens haben 4 bis 8 mm Spiel,
Laufräder des Nebenrahmens haben 8 bis 16 mm Spiel.
Neigung der Flanschen $tg\,\gamma = {}^1/_{10}$.

Die Zahlen ergeben

$$\underline{F_{a_3}} = \frac{2\,R_h \cdot 0{,}17 \cdot 5 + 2\,R_h \cdot 0{,}1 \cdot 8{,}0}{30} = \underline{0{,}11\,R_h}$$

$$F_{b_3} = \sim \text{unbedeutend} = 0.$$

Der gesamte Fahrwiderstand: $F_a = F_{a1} + F_{a2} + F_{a3}$

$$\underline{F_a} = 9{,}25 + 24{,}2 + 0{,}11\,R_h = \underline{33{,}45 + 0{,}11\,R_h}$$

$$\underline{F_b} = 6{,}7 + 19{,}2 + 0 = \underline{25{,}9.}$$

Die Berechnung der Windträger.

Es ist nach Seite 11:

$$R_h = \frac{l}{a} \cdot \frac{F_a - F_b}{2}$$

(s. K.-Bl. 3, Fig. 7 im Text)

$$a = \text{Radstand} = 20 \text{ m.}$$

$$\frac{40}{110} \cdot R_h = 33{,}45 + 0{,}11\,R_h - 25{,}9$$

$$R_h \cdot \left(\frac{4}{11} - 0{,}11\right) = 7{,}55$$

$$R_h = 29{,}7 \text{ t.}$$

$$F_a = 33{,}45 + 0{,}11 \cdot 29{,}7 = \underline{35{,}7\ \text{t}}$$

$$F_b = \qquad \underline{25{,}9\ \text{t}}$$

$$\frac{F_a - F_b}{2} = \frac{35{,}7 - 25{,}9}{2} = \underline{4{,}9\ \text{t.}}$$

$M_A = M_1 + M_0 = 4{,}9.\ 110 + M_0$ Moment für beide Windträger.

In Fig. 6, K.-Bl. 3, sind die max. Momente zusammengestellt.

Die Gurtspannkräfte rechnen sich nach der Formel:

$$\boxed{S = \pm \frac{M}{h_1}}$$

Die Diagonalkräfte nach der Formel:

$$\boxed{\frac{Q}{\sin \alpha} = \frac{M_m - M_{(m-1)}}{\lambda_m} \cdot \frac{1}{\sin \alpha}.}$$

Hierin bedeuten:

M_m und $M_{(m-1)}$ die Momente der benachbarten Knotenpunkte,
λ_m Entfernung derselben,
α Neigung der Diagonalen.

Die Formel ergibt sich nach dem Analogiegesetz unmittelbar aus der allgemeinen Gleichung

$$Q = \frac{d\,M}{d\,x} \quad \text{(oder } M = \int Q\,dx\text{)}.$$

Denn das Verhältnis: $d\,M : (M_m - M_{(m-1)})$ und $d\,x : \lambda_m$ ist dasselbe.

Berechnung des Motors.

Die beiden Fahrwiderstände $F_a + F_b$ sind $35{,}7 + 25{,}9 = \underline{61{,}6\ \text{t.}}$ Für einen Motor an jeder Stütze erhalten wir dann den mittleren Fahrwiderstand von

$$\frac{61{,}6}{2} = \sim \underline{30\ \text{t}} \text{ (bei Betriebswind).}$$

Ohne Wind ergibt sich ein Fahrwiderstand:

$$F_a + F_b = 9{,}25 + 0{,}11 \cdot 29{,}7 + 6{,}7 = \underline{19{,}2\ \text{t.}}$$

Ein Motor wäre dann für den mittleren Fahrwiderstand von

$$\frac{19{,}2}{2} = \sim \underline{9^1/_2\ \text{t}}$$

zu berechnen.

Die Anzahl der Pferdestärken ergeben sich aus der Arbeitsgleichung

$$N = \frac{W \cdot v}{75} \cdot \frac{1}{\eta},$$

worin

W Fahrwiderstand, in Tonnen
v Fahrgeschwindigkeit $= 0{,}25$ bis $0{,}05$ m/sec
η Wirkungsgrad.

Der Motor wäre dann nach Liste mit einem Zuschlag für die Beschleunigung der Triebwerksteile zu wählen.

Vier verschiedene Fahrwerksanordnungen.

(S. Hütte 22. II. 463.)

I. Antrieb beider Stützen durch je einen Nebenschlußmotor. Den Ausgleich der Fahrwiderstände nehmen bei einseitiger Drehkranstellung die Hauptträger und Windträger auf.

II. Antrieb durch zwei Motoren. Der Fahrwiderstandsausgleich wird durch die Kuppelwelle bewirkt.

III. Antrieb durch zwei getrennte Motoren. Anordnung einer Drehscheibe einerseits, mit elektrischer Ausschaltung bei Schrägstellung und Pendelstütze andererseits.

IV. Die beiden Antriebsmotoren sind synchron geschaltet.

Berechnung der Massenkräfte.

Fahrgeschwindigkeit v normal $= 0{,}25$ m/sec.
Gesamtgewicht der Brücke $G =$ ca. 410 t..

Verzögerung $p = \frac{v}{t}$.

$p_{\max}$ bei Annahme, daß die Geschwindigkeitskurve parabolisch verläuft:

$$p_m = \frac{2 \cdot 0{,}25}{5} = 0{,}1 \text{ m/sec}^2$$

(Bremszeit 5''.)

Für ein 9-m-Feld des Windträgers ergibt sich dann eine Knotenpunktsbelastung infolge Bremsung zu

$$P = \frac{p_{\max} \cdot G}{9{,}81} = \frac{0{,}1 \cdot 9{,}18 \cdot 0{,}8}{9{,}81} = 0{,}075 \text{ t}.$$

Da dieser Wert zu gering, soll die Annahme gemacht werden, daß die als starr gedachte Brücke mit einer Geschwindigkeit $v = 0{,}25$ m/sec gegen die Puffer schlägt, welche sich infolge ihrer Konstruktion beim Stoß um 6,4 cm zusammendrücken lassen.

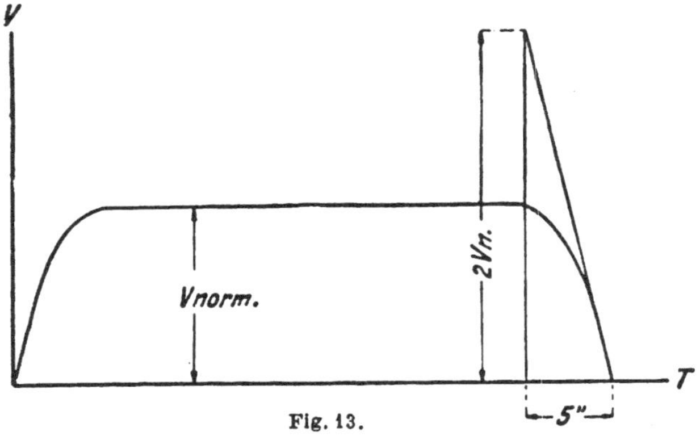

Fig. 13.

Prinzip der lebenden Kraft:

$$\boxed{M \cdot \frac{v^2}{2} = St \cdot s}$$

Für einen Windträger ist dann:

$$\frac{1}{2} \cdot \frac{410\text{ t}}{9{,}81} \cdot \frac{0{,}25^2}{2} = \text{Stoß(mittel)} \times 0{,}064\text{ m}$$

$$\underline{St = 10\text{ t.}}$$

Auf ein 9,18-m-Feld eines Windträgers entfällt eine Massenkraft von

$$St = \frac{\frac{9{,}18 \cdot 0{,}8}{9{,}81} \cdot \frac{0{,}25^2}{2}}{0{,}064} = \sim 0{,}35\text{ t.}$$

Einfluß der Drehkranmaßen.

Gesamtgewicht des Drehkrans 34 t (incl. Last)

$$St = \frac{\frac{34}{9{,}81} \cdot \frac{0{,}25^2}{2}}{0{,}064} = 1{,}7\text{ t.}$$

Die zwei wagrechten Spurkranzdrücke sind infolgedessen

$$D_1 = D_2 = \frac{1{,}7}{4} = \underline{0{,}43\text{ t.}}$$

Die max. Momente der Massenkräfte (für beide horiz. Träger).

1. Aus Eigengewicht:

über den Stützen

$$M_1 = \frac{0{,}35 \cdot 2 \cdot 4 \cdot 35}{2} = \underline{49 \text{ tm}}; \text{ ca.}$$

in Mitte Mittelfeld

$$M_2 = \frac{(0{,}2 \cdot 2 \cdot 11) \cdot 110}{8} - 28 \text{ tm} = 60 - 28 = \underline{32 \text{ tm.}} \text{ ca.}$$

2. Aus Last und Drehkran

über der Stütze

$$M_1 = 0{,}43 \cdot 2 \cdot (29{,}4 + 34) = \underline{54 \text{ tm}}; \text{ ca.}$$

in Mitte Mittelfeld

$$M_2 = \frac{0{,}43 \cdot 4 \cdot 110}{4} = \underline{48 \text{ tm.}} \text{ ca.}$$

(s. K.-Bl. 3, Fig. 4 u. 5).

Die max. Windmomente.

1. Infolge der Eisenkonstruktion (s. K.-Bl. 3, Fig. 1):

über den Stützen

$$M_1 = \frac{0{,}255 + 0{,}264}{2} \cdot \frac{35^2}{2} = \sim \underline{160 \text{ tm.}}$$

in Mitte Mittelfeld

$$M_2 = \frac{0{,}255 + 0{,}228}{2} \cdot \frac{110 \cdot 110}{8} - 160 = 365 - 160 = \underline{205 \text{ tm.}}$$

2. Infolge der Drehkranfläche:

über den Stützen

$$M_{1\max} = 1 \cdot (29{,}4 + 34) = \underline{63{,}4 \text{ tm}};$$

in Mitte Mittelfeld

$$M_2 = \frac{2 \cdot 110}{4} = \underline{55 \text{ tm.}}$$

Berechnung des Fahrwerks.

(Anordnung I.)

Um eine der Windstärke entsprechende Abstufung der Geschwindigkeit zu erzielen, sind nach Dr. David regulierbare Nebenschlußmotoren eingebaut.

Eine weitere Fahrgeschwindigkeitsabstufung ist dann durch Einschaltung eines Wechselrädergetriebes, das mittels elektromagnet. Kupplung betätigt wird, erreicht.

Sämtliche Triebwerke sind natürlich für den größten Fahrwiderstand von 30 t zu bemessen, wobei die Materialbeanspruchung jedoch hochgenommen werden kann.

Die Laufräder (Stahlguß).

Der Laufraddurchmesser D rechnet sich nach der Formel:

$$D = \frac{R_{max}}{s\,(K - 2\,r)}.$$

Hierin bedeuten:

R_{max} Raddruck unter Berücksichtigung der Brems- und Windkräfte pro Laufrad,

s = zulässige Pressung, 40 bis 65 kg/qcm,

K = Schienenbreite (wir verwenden die Laufkranschiene des Aachener Hütten-A.Ver. Nr. 4) = 7,5 cm,

r ist hierbei der Abrundungsradius = 0,6 cm (s. Tabelle), Hütte 22. II. 455.

Wir erhalten für obigen Fall

$$D = \frac{24000\text{ kg}}{6{,}3\text{ cm}\cdot 65} = 60\text{ cm} = \underline{\underline{0{,}6\text{ m.}}}$$

Die Laufradachsen.

Die Laufradachsen wurden als Träger auf 4 starren Stützen berechnet.

Dieselben werden beansprucht:

1. durch den max. Raddruck R_{max} in senkrechter Ebene;
2. durch den auf ein Rad entfallenden Anteil der Stützkraft R_A (s. daselbst) in derselben Ebene;
3. in der wagrechten Ebene durch das Biegungsmoment aus den wagrechten Zahndrücken Z;
4. durch ein Drehmoment infolge Überwindung des Fahrwiderstandes.

Es hat sich gezeigt, daß die Rechnung in diesem Falle, ohne daß das Endresultat an Genauigkeit gegenüber der 1. Rechnung zurücksteht, so durchgeführt werden kann, wenn man annimmt, daß die Achse bei 2 und 3 getrennt ist (s. Fig. 14).

In dem oben gerechneten Fahrwerk waren die Laufradvorgelege in 4 Räderpaare aufgelöst, die Achsen durch Kuppelstangen verbunden; infolgedessen waren die Zahndrucke verhältnismäßig klein (4,4 t).

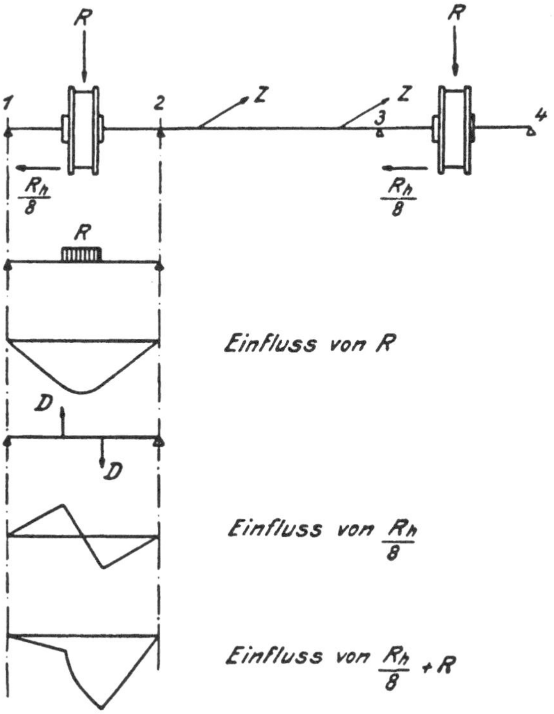

Fig. 14.

Zweckmäßiger wäre es, die Kuppelstangen durch Zahnräder mit Zwischenräder zu ersetzen.

Die Bremse.

Dieselbe ist als Holz gefütterte Bandbremse für doppelte Umlaufrichtung konstruiert und zugleich als elastische Kupplung ausgebildet worden.

Wir haben:

Bremsscheibendurchmesser = 0,4 m
Laufraddurchmesser = 0,6 m

Übersetzungen:

$i_1 = 3 \cdot 4 \cdot 10 \cdot 1 = 120$
$i_2 = 3 \cdot 4 \cdot 10 \cdot 2{,}5 = 300.$

Der 30-HP-Motor hat eine Drehzahl $n = 970$—485.

Die Fahrwiderstände pro Motor sind:

1. $9\frac{1}{2}$ t mit max. Fahrgeschwindigkeit von 0,25 m/sec,
2. 30 t mit min. Fahrgeschwindigkeit von 0,05 m/sec.

Die Umfangskraft der Bremsscheibe rechnet sich dann nach der Formel

$$P = \frac{W \cdot R \cdot \eta \cdot i}{R_b}.$$

Hierin bedeuten:

W = Fahrwiderstand (s. o.),
η = Wirkungsgrad der Übersetzung $0{,}95^3$ resp. $0{,}95^4$,
i = Übersetzung (s. o.),
R = Laufradhalbmesser,
R_b = Bremsscheibenhalbmesser.

Genauer ergibt sich die Umfangskraft P:

1. Fall 1: P dynamisch $= 70$ kg

$$P \text{ statisch} = \frac{9500 \cdot 0{,}6 \cdot 0{,}95^3}{0{,}4 \cdot 120} = 102 \text{ »}$$

Sa. 172 kg.

2. Fall 2: P dynamisch $= 35$ kg

$$P \text{ statisch} = \frac{30000 \cdot 0{,}6 \cdot 0{,}81}{0{,}4 \cdot 300} = 121 \text{ »}$$

Sa. 156 kg.

Die Zugkraft des Bremsmagnetes in kg rechnet sich mit

$$K = \frac{s \cdot P\,(e^{\mu\alpha} + 1)}{\varphi\,(e^{\mu\alpha} - 1)}.$$

Hierin ist:

s = Sicherheit, 2—6 fach je nach Größe der toten Last,
P = Umfangskraft,
φ = Übersetzung der Hebel,
μ = bei Bandbremsen mit Holzfutter = 0,25

$$e^{\mu\alpha} = 3.$$

Die weiteren Dimensionen sind mit Rücksicht auf die Flächenpressung max. mit 2 kg/qcm nach den Normalien zu bestimmen.

Die Hauptstütze.

Die feste Stütze erhält eine rahmenartige Ausbildung.

Das Tragwerk ist einfach stat. innerlich unbestimmt, denn es ist:

Anzahl der Stäbe $s = 24$;
Zahl der Knotenpunkte $K = 13$;
Bedingung ist: $s = 2\,K - 3$ ergibt $24 = 2 \cdot 13 - 3 =$
also ein Stab zu viel.

Oberer Querriegel wird als stat. unbekannte Größe X_a eingeführt. Wir zerschneiden nun diesen Stab und bringen an den Enden die Kräfte -1 an, zeichnen den daraus sich ergebenden Kräfteplan, berechnen

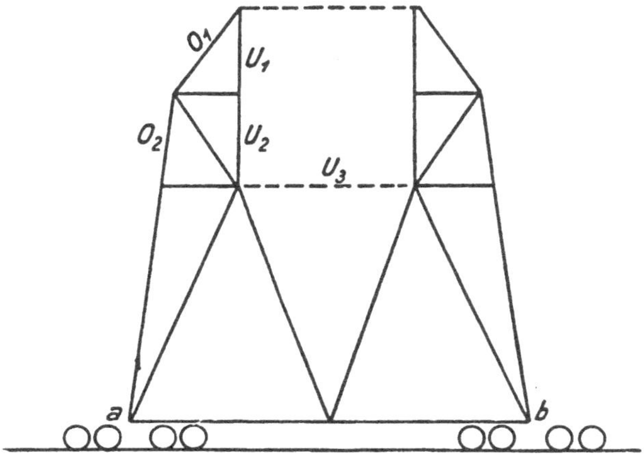

Fig. 15.

die Längenänderungen der Stäbe bei einem geschätzten Querschnitt nach der Formel

$$\Delta l = \frac{S_1 \cdot s}{EF} \; (E = 1)$$

konstruieren den Williotschen Verschiebungsplan und bestimmen die Verschiebungen.

Die Formel $X = R \cdot \frac{S_{oa}}{S_{aa}}$ ergibt dann die Stabkraft des oberen Riegels.

Die anderen Stäbe berechnen sich nach der Formel

$$S = S_0 - X\, S_1$$

wobei S_0 die Stabspannungen für den Zustand $X = 0$
S_1 die Stabspannungen für den Zustand $X = -1$.

Nach Bestimmung der Querschnitte ist Rechnung zu wiederholen.

Max. Beanspruchung:

Bei Sturm 200 kg/qm. Kran außer Betrieb. *a* und *b* dann feste Auflager (die Sturmsicherungen — Schienenzangen mit Spindelfeststellung — in Wirkung). Die wagrechten Kräfte verteilen sich dann gleich auf *a* und *b*. Bei einer Ausführung der Deutschen Maschinenfabrik greift die Sperre in eine längs der ganzen Fahrbahn geführten Zahnstange.

Die Pendelstütze.

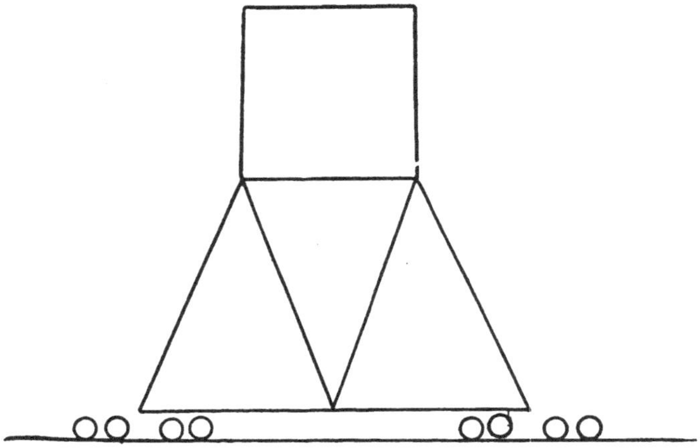

Fig. 16.

Das Tragwerk ist stat. bestimmt.
Ein Cremonaplan liefert die Stabspannungen.

Gewichte.

Dr. David bringt in seiner Doktordissertation Gewichte eines Brückenkrans von 180 m Gesamtlänge, jedoch mit anderen Abmessungen. Dieselben sind:

A. Anordnung I (ohne Kuppelwelle).

I.	Genietete Brückenkonstruktion:	
	2 Hauptträger	281 t
	Hauptrahmen	23 t
	Nebenrahmen	14 t
II.	genietete Fahrgestellkonstruktion	33 t
III.	Maschinenteile	25 t
		Sa. 376 t

B. Anordnung II (mit Kuppelwelle).

I.	genietete Brückenkonstruktion	255 t
II.	genietete Fahrgestellkonstruktion	14 t
III.	Maschinenteile (ohne Kuppelwelle)	23 t
IV.	Kuppelwelle, komplett mit Kegeltrieben und 30 Sellerslager	16 t
		Sa. 308 t

Gewichtsdifferenz ca. 68 t.

Die Preisdifferenz soll 21000 M. betragen.

Gewichte der Zahnräder.

Zur schnellen Berechnung von Zahnrädergewichten dient folgende graphische Tabelle:

Gewichte der Zahnräder:

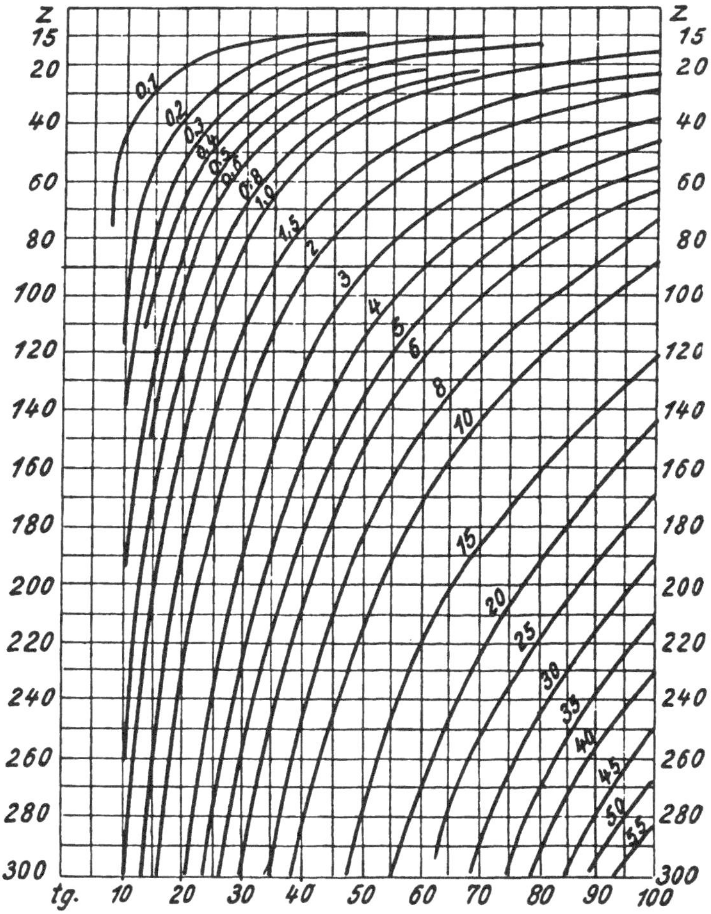

Gewicht G eines Zahnrades von
t = 80 mm z = 120 b = 160 mm
G = 9,9 · 160 = 1590 kg.

Vertikal sind die Zähnezahlen, horizontal die Teilungen in mm aufgetragen. Dieselben liefern bei gegebener Teilung und Zähnezahl die

Koordinaten für die fragliche Zahl, welche mit der jeweiligen Kurve konstant bleibt.

Diese Zahl braucht dann nur mit der Zahnbreite in mm multipliziert zu werden, um das Gewicht (in kg) zu erhalten.

Z. B. würde das Gewicht eines Zahnrads mit 100 Zähnen und 60 mm Teilung und einer Zahnbreite von $b = 120$ mm

$$G = 120 \cdot 4{,}6 = 550 \text{ kg}$$

betragen.

Die Tabelle gibt die Gewichte für gußeiserne Stirnräder normaler Bauart. Die Gewichte der Holzkammräder, Stirnräder mit Winkelzähnen und der Schneckenräder sind annähernd gleich denjenigen der Stirnräder mit gleicher Zähnezahl, Teilung und Breite.

Kegelräder wiegen rund 0,9 mal so viel, wie Stirnräder. Stahlgußräder haben ein um $8\frac{1}{2}\%$ größeres Gewicht. Die Tabelle ist nach einer Zahnrädergewichtsliste der Deutschen Maschinenfabrik kontrolliert und gab in allen Teilen gute Übereinstimmung.

Ausführung mit durchgehender Welle.

Zu Anordnung II ist noch folgendes zu sagen:

Die Berechnung der Eisenkonstruktion erfolgt sinngemäß wie bei Anordnung I.

Der Fahrwiderstandsausgleich ist von der Welle aufzunehmen. Die Welle wurde für diesen Fall unter der Annahme berechnet, daß nur Drehmomente übertragen werden.

Der Einfluß aus den Lagersenkungen ist dann aus der Clapeyronschen Gleichung für sich als Zuschlagsbeanspruchung zu ermitteln.

II. Teil.

Ausführung nach Fig. 1, K.-Bl. 4, mit Überspannung der wasserseitigen Stütze und einer auf den Innenrippen der Untergurte laufenden Katze mit drehbarem Ausleger für eine Tragfähigkeit von 4 t.

Die Aufgabe, einen Brückenkran von 180 m Gesamtlänge zu bauen, kann in folgender, sehr eleganten Weise gelöst werden.

Durch die Überspannung wird das Netzwerk einfach statisch unbestimmt.

Die günstigste Stützenentfernung.

a) Aus dem gleichmäßig verteilten Eigengewicht g pro m Hauptträger.

Der Verlauf der Momentenkurven ist:

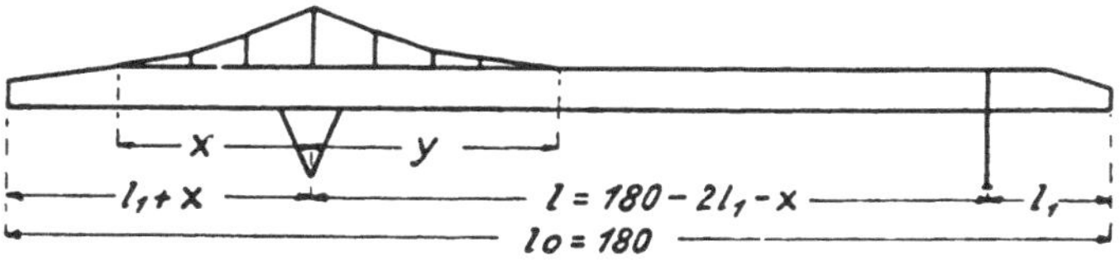

Fig. 17.

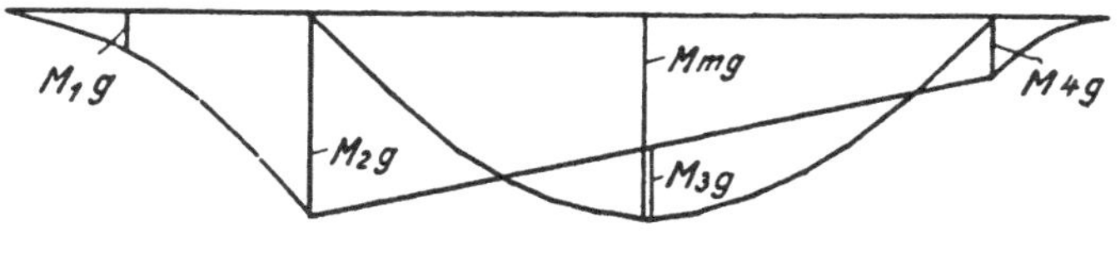

Fig. 18.

Es wären folgende Bedingungen zu erfüllen:

$$M_{1g} = M_{3g} = M_{4g}$$

oder

$$M_{1g} = Mm_g - \frac{M_{2g} + M_{4g}}{2}$$

$$M_{1g} = \frac{g \cdot l_1^2}{2} = \frac{g \cdot (180 - 2\,l_1 - x)^2}{8} - \frac{g\,\frac{(l_1 + x)^2}{2} + g \cdot \frac{l_1^2}{2}}{2}$$

durch $\frac{g}{2}$ dividiert und ausmultipliziert:

$$l_1^2 + \frac{1}{4} x^2 + 90 \cdot x + 180\, l_1 - 8100 = 0 \quad . \quad . \quad \text{(Gl. I)}$$

Hier setzen wir vorläufig das Verhältnis

$$\frac{l_1 + x}{l_1} = \frac{40}{16}$$

als das günstigste fest. Dann wird:

$$l_1 + x = \frac{10}{4} l_1$$

$$x = l_1 \left(\frac{10}{4} - \frac{4}{4}\right) = \frac{6}{4} l_1 = \frac{3}{2} l_1$$

$$x = \frac{3}{2} l_1.$$

Gl. I wird dann

$$l_1^2 + \frac{1}{4} \cdot \frac{9}{4} l_1^2 + 90 \cdot {}^3/_2\, l_1 + 180\, l_1 = 8100$$

oder

$$l_1^2 \left(\frac{16 + 9}{16}\right) + l_1 (135 + 180) = 8100$$

$$\frac{25}{16} l_1^2 + 315\, l_1 - 8100 = 0$$

$$l_1 = \frac{-315 \pm \sqrt{315^2 + 4 \cdot \frac{25}{16} \cdot 8100}}{\frac{2 \cdot 25}{16}} = \sim 23{,}4 \text{ m}$$

$$\underline{l_1 + x} = 23{,}4 + {}^3/_2 \cdot 23{,}4 = \underline{58{,}5 \text{ m.}}$$

b) aus einer wandernden Last.

Der Verlauf der Momente ist:

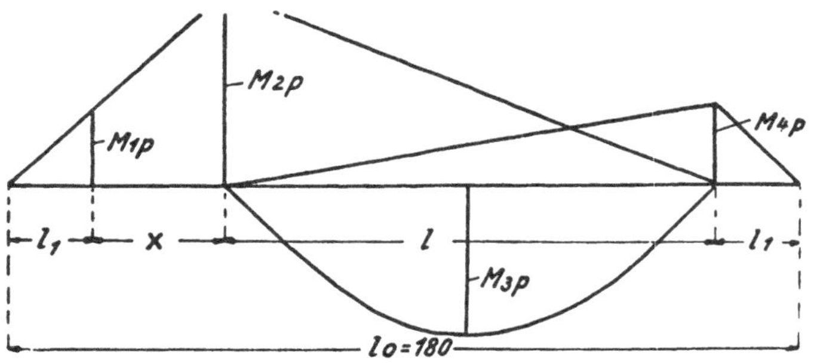

Fig. 19.

Es muß dann wieder sein:

$$M_{1p} = M_{3p} = M_{4p}$$

oder

$$P \cdot l_1 = \frac{P \cdot (180 - 2\,l_1 - x)}{4}$$

$$4\,l_1 - 180 + 2\,l_1 + x = 0$$

mit

$$x \text{ wie oben } = {}^3/_2\,l_1$$

wird:

$$4\,l_1 + 2\,l_1 + {}^3/_2\,l_1 - 180 = 0$$

$$7^1/_2\,l_1 = 180$$

$$l_1 = \frac{180 \cdot 2}{15} = 24 \text{ m}$$

$$\underline{l_1 + x} = 24 + {}^3/_2 \cdot 24 = \underline{60.}$$

Die Rechnung kann ebenso einfach auch für 2 Raddrucke durchgeführt werden. Das Resultat wird dann etwas niedriger.

Damit der Ausleger nicht zu lang wird und die ganze Konstruktion des Brückenkrans etwas stabiler, nehmen wir:

$l_1 = 20$ m $\quad x = 30$ m $\quad l_1 + x = 50$ m

$l = 180 - 2\,l_1 - x = 110$ m.

Die Raddrücke bei verschiedenen Auslegerstellungen.

Gesamtgewicht der Katze . 24 t
Greifer mit Last . . . . . 6 t
30 t

Auslegerstellung	Raddrücke in B	Raddrücke in C
I	7,4 t	12,8 t
II	9,2 »	14,0 »
III	12,0 »	12,0 »

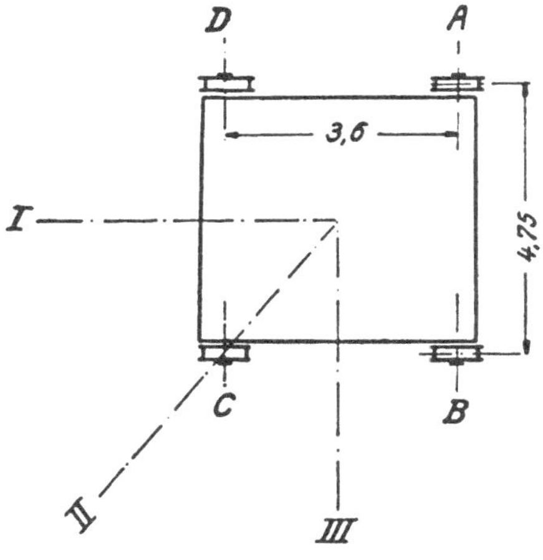

Fig. 20.

Berechnung der günstigsten Trägerhöhe

nach Hütte III. 22. 944 ist:

$$h = \frac{l}{c} \cdot \frac{M_p}{M_p + M_g}.$$

$l = 110 - 16 = 94$ m

c nach Tabelle

$$M_{p\max} = \frac{R}{4l}\left(l - \frac{b}{2}\right)^2 = \frac{12 \cdot 2 \cdot (110 - 1{,}8)^2}{4 \cdot 110} = \sim 646 \text{ tm}$$

$$M_{g\max} = \frac{0{,}65 \cdot 110^2}{8} - \left[\frac{0{,}65 \cdot 50^2}{2} + \frac{0{,}65 \cdot 20^2}{2}\right] \cdot {}^1\!/_2 = 990 - 470 = 520 \text{ tm.}$$

$$\underline{h} = \frac{94}{8} \cdot \frac{646}{1166} = \underline{6{,}5 \text{ m.}}$$

Anmerkung: Zur Berechnung von Mindesthöhen von Trägern gibt Brillowsky im Zentralblatt der Bauverwaltung einen Beitrag:

Die zulässige Durchbiegung ist bekanntlich

$$f = \frac{5 \ P \cdot l^3}{384 \cdot EJ}.$$

Durch Einsetzung der Werte $\frac{W_1 \cdot 8 \ K}{l}$ für P

$W_2 \cdot \frac{h}{2}$ für J

$\frac{l}{n} = f$

erhält man die Bedingung für die Mindesthöhe des Trägers

$$h \geqq l \cdot \frac{W_1}{W_2 m}.$$

Hierin bedeuten W_1 das nach der Belastung erforderliche Widerstandsmoment

W_2 das für die Ausführung gewählte Widerstandsmoment

$$m = \frac{4{,}8 \cdot E}{K \cdot n}.$$

Werte für m			
$f = \frac{l}{n} =$	$\frac{l}{500}$	$\frac{l}{550}$	$\frac{l}{600}$
$K = 1000$	20,6	18,9	17,2
$K = 875$	23,6	21,6	19,66

Hiernach wäre die Trägerhöhe je nach Wahl des Profils:

$$h \geqq \frac{l \cdot W_1}{m W_2} = \frac{110 \ W_1}{18{,}9 W_2} = \sim 5{,}5 \ \frac{W_1}{W_2} \text{ m.}$$

Die Überspannung.

Die max. Höhe der Überspannung wird, entsprechend dem Moment über der Stütze, mit 10 m festgelegt.

Die Zwischenhöhen werden am besten mit Hilfe der Parabelkonstruktion bestimmt.

Konstruktion der Momentenflächen.

K.-Bl. 4 zeigt die Konstruktion der Momentenkurven aus Eigengewicht und Last für die verschiedenen Stellungen der Katze mit Last auf den Auslegern und im Mittelfeld.

In K.-Bl. 5 sind die Summen der max. links- und rechtsdrehenden Momente aufgetragen.

Die Stabkräfte im Ober- und Untergurt, soweit sie statisch bestimmt, können dann ohne weiteres nach der Formel

$$\boxed{S = \pm \frac{M}{h}}$$

angeschrieben werden.

Bezüglich der Zuschläge s. I. Teil.

Die max. Momente aus Eigengewicht, Last und Katze

sind gerechnet (s. K.-Bl. 4):

a) aus Eigengewicht:

in Mitte Mittelfeld

$$Mg_m = \frac{gl^2}{8} = \frac{110 \cdot 110 \cdot 0{,}65}{8} = \sim \underline{990 \text{ tm}};$$

über Hauptstütze A

$$Mg_a = gl_1 \cdot \frac{l_1}{2} = 0{,}65 \cdot 50 \cdot \frac{50}{2} = \underline{810 \text{ tm}};$$

über Nebenstütze B

$$Mg_B = 0{,}65 \cdot 20 \cdot \frac{20}{2} = \underline{130 \text{ tm}}.$$

b) aus Katze und Last:

in Mitte Mittelfeld

$$Mp_m = \frac{R}{4\,l}\left(l - \frac{b}{2}\right)^2 = \frac{12 \cdot 2}{4 \cdot 110}\,(110 - 1{,}8)^2 = \underline{646 \text{ tm}};$$

über Hauptstütze bei ausgefahrener Katze

$$Mp_a = 12\,(49{,}6 + 46) = \underline{1150 \text{ tm}};$$

über Nebenstütze

$$Mp_B = 12\,(19{,}6 + 16) = \underline{430 \text{ tm}}.$$

(genau genommen, müßten für das Mittelfeld zwei Parabeln gezeichnet werden).

Die Quer- und Diagonalkräfte.

In K.-Bl. 6 sind zunächst die Querkräfte aus Last und Eigengewicht gezeichnet. Hierzu war die Berechnung der Auflagerreaktion B infolge Eigengewichts des Hauptträgers nötig.

Dieselbe ist:

$$B = \frac{l \cdot g}{2} + \frac{l_2 \cdot g \cdot \left(\frac{l_2}{2} + l\right)}{l} - \frac{l_1 \cdot g \cdot \frac{l_1}{2}}{l} \text{ (für einen Träger).}$$

Bezeichnung l_1, l_2 und l nach Fig. 1 K.-Bl. 4.

$$B = \frac{110 \cdot 0{,}65}{2} + \frac{20 \cdot 0{,}65\,(10 + 110)}{110} - \frac{50 \cdot 0{,}65 \cdot \frac{50}{2}}{110} = \underline{42{,}6 \text{ t.}}$$

Es sind dann für jede statisch bestimmte Diagonale Einflußlinien aufgestellt worden, welche die ungünstigste Lage der wandernden Last für positive und negative Stabbelastung angeben. Die Diagonalstabkräfte konnten dann mit Hilfe dieser Einflußlinien an richtiger Stelle in die Querkraftsflächen eingetragen werden.

Die Biegungslinie.

K.-Bl. 7 bringt die Konstruktion der Biegungslinie aus den Belastungen $X = -1$ nach rechts und nach links in m (oberster Punkt der Überspannung).

Zu diesem Zwecke wurden zunächst die Kräftepläne aus $X = -1$ gezeichnet.

Die so gefundenen Stabspannungen wurden in die Tabelle eingetragen und mit Hilfe geschätzter Querschnitte die Längenänderungen

$$\Delta_1 = \frac{S_1 \cdot s}{F\,E}$$

bestimmt.

Hierin bedeuten:

s = Stablänge in cm,
S_1 = Stabspannung aus $X = -1$ in t,
F = der wirkliche Stabquerschnitt in qcm,
E = Elastizitätsmaß (hier mit 1,5 angenommen, um eine passende Vergrößerung für den Verschiebungsplan zu haben).

Im Falle keine ähnliche Ausführung zur Verfügung, kann durch wagrechte Beweglichmachung des Stabes U_5 das System in ein statisch bestimmtes verwandelt werden und auf Grund der gefundenen Querschnitte die folgende genaue Berechnung dann durchgeführt werden.

Hat man die Werte in der Tabelle zusammengestellt, so kann der Williotsche Verschiebungsplan gezeichnet werden.

Die Konstruktion der Biegungslinie ist aus der Zeichnung ohne weiteres verständlich.

Es ergibt sich dann die Unbekannte X

1. aus Last und Katze in äußerster Stellung auf dem großen Kragarm bei einem max. Raddruck $R_1 = R_2 = 12$ t mit:

$$X_p = \frac{12\,(\eta_1 + \eta_2)}{\delta} = \frac{12\,(544 + 504)}{215} = \sim 59 \text{ t.}$$

2. aus Eigengewicht mit

$$X_g = \frac{F \cdot g}{\delta} = \frac{(21\,000 \text{ qmm} \cdot 0{,}5) \cdot \text{mm} \cdot \text{m} \cdot 0{,}65 \text{ tm}}{215 \text{ mm}} = 31^1/_2 \text{ t.}$$

Hierin bedeuten:

F = Fläche der Einflußlinie unter Berücksichtigung der Vorzeichen,
g = Gewicht in t pro m Hauptträger = 0,65,
δ = Erweiterung im Punkt m (s. K.-Bl. 7).

Die Fläche $F = 21\,000 \text{ mm}^2$ ist durch Abmessen gewonnen, ebenso $\delta = 107 + 108 = 215$ mm; da nun $g = 0{,}65$ t pro m, mußte F mit dem Längenmaß multipliziert und in Meter in bezug auf Längenmaß ausgedrückt werden. Das Höhenmaß ist insofern gleichgültig, da ja δ in dem gleichen willkürlichen Maßstab abgemessen und nur das Verhältnis in Rechnung gestellt wird. (Jedenfalls muß aber δ in mm eingesetzt werden, wenn F in m und mm verwendet wird.)

Die Einflußlinie für $X = -1$ kann auch nach Mohr gefunden werden; man geht dann von der Voraussetzung aus, daß die durch $X = -1$ auftretenden Momente den Verlauf der Überspannung haben.

Läßt man nun diese Momentenfläche als Belastung wirken, indem man sie in einzelne Streifen teilt, die Flächen als Kräfte in einem Seileck aufträgt und das zugehörige Seilpolygon zeichnet, so erhält man die Einflußlinie für $X = -1$.

Die horizontale Erweiterung in »*m*« wird dann durch einen vereinfachten Verschiebungsplan ohne Rücksicht auf Stablängenänderungen gewonnen und letztere durch 10 vH Zuschlag nachträglich jedoch wieder in Rechnung gestellt.

Die Spannungen in den statisch unbestimmten Stäben.

Die Konstruktionsblätter 8, 9, 10, 11 bringen die Einflußlinien für jeden statisch unbestimmten Stab der Hauptträger.

Entwicklung der Einflußlinien.

I. Einflußlinie für U_5.

Die Einflußlinie für den Untergurtstab über der wasserseitigen Stütze ist bereits im 1. Teil für den Fall entwickelt worden, daß keine Überspannung vorhanden.

Das Resultat war für $P = 1$ Ende Kragarm:

$$U_0 = -\frac{1 \cdot l_1}{h} + \left\{A' \cdot \frac{\lambda}{h} + A' \operatorname{tg} \varphi\right\}$$

Hier kommt die Unbekannte X noch dazu. Der Momentendrehpunkt ist 3 (s. Fig. 1 K.-Bl. 8).

Die Momentengleichung lautet:

$$U_5 = -\frac{1\, l_1}{h} + A' \left\{\frac{\lambda}{h} + \operatorname{tg} \varphi\right\} + X \cdot \frac{r}{h}.$$

Hierin ist:

r = Hebelarm der Kraft X = 10 m,
h = Trägerhöhe = 6,5 m,
φ = halber Stützenwinkel,
$\operatorname{tg} \varphi = {}^5/_{10} = 0,5$,
λ = 5 m Feldweite,
A' = halbe Auflagerreaktion in A, hervorgerufen durch $P = 1$, Ende des großen Kragarms

$$A' = \frac{1 \cdot (l_1 + l)}{2\, l} = \frac{160}{220} = 0,73$$

$$\boxed{X = \frac{1 \cdot \eta}{\delta}}$$

$\eta_{max} = 550$ mm
$\delta = 215$ mm (s. Kl.-B. 7.)

Die Zahlenwerte ergeben:

$$U_5 = -\frac{50}{6,5} + 0,73 \left\{\frac{5}{6,5} + 0,5\right\} + X \cdot \frac{10}{6,5} = -7,7 + 0,925 + X \cdot \frac{10}{6,5}$$

$$U_5 = -6,775 + \frac{10}{6,5} \cdot X.$$

Durch Auftragung der Größen + 0,925 und —6,775 (wir wählen den Maßstab 2:1) unter der Kraft $P = 1$ (Ende Kragarm) erhält man die Einflußlinie für U_5 (Zustand $X = 0$) (s. Fig. 2, K.-Bl. 8).

Es ist nun noch die Biegungslinie in dem richtigen Maßstab einzutragen. Für $P = 1$ im äußersten Punkt des großen Auslegers wird

$$X = \frac{1 \cdot \eta}{\delta} = \frac{1 \cdot 550}{215} = 2{,}556 \text{ t}$$

(s. Biegungslinie K.-Bl. 7).

Es wird deshalb für $P = 1$ nach obiger Gleichung:

$$U_5 = -6{,}775 + \frac{10}{6{,}5} \cdot 2{,}556 = -6{,}775 + 3{,}93 = \underline{-2{,}845 \text{ t}},$$

d. h. für $P = 1$ ist η (Ende Ausleger) gleich $\underline{-2{,}845}$

$$\eta \text{ für } X = 0 \text{ ist: } \underline{-6{,}775.}$$

Die Einflußlinie für X ist deshalb im Verhältnis

$$\frac{55}{(6{,}775 - 2{,}845)} = \frac{55}{3{,}93} \text{ im gleichen Maßstab } (2:1)$$

zu zeichnen. Wir haben dann:

$$U_5 = R\,(\eta_1 + \eta_2)\,\mu$$

$$-\underline{U_5} = -12\,(5{,}4 + 4{,}7) \cdot \frac{1}{2} = \underline{-61 \text{ t}}$$

$$+\underline{U_5} = +12\,(1{,}2 + 0{,}9) \cdot \frac{1}{2} = \underline{+12^1/_2 \text{ t.}}$$

Aus Eigengewicht ergibt sich

$$\boxed{U_{5g} = g \cdot F \cdot \mu}$$

Hierin ist

$g = 0{,}65$ t pro m Hauptträger,
F in m × cm (Längenmaßstab Meter, Höhenmaßstab in Zentimeter abmessen).

Die einzelnen Flächen sind mit ihrem Vorzeichen einzusetzen.

II. Einflußlinien für D_5 — D_9.

Allgemein ist:

$$\boxed{D = \frac{Q}{\sin \alpha}}$$

worin Q die Querkraft, α der Neigungswinkel der Diagonalen gegen die Horizontale.

Die Querkraft Q für $P = 1$ ist:

$$Q = 1 - X \cdot \operatorname{tg} \beta$$

worin $X \cdot \operatorname{tg} \beta$ die vertikale Komponente der Stabkraft in der Überspannung oberhalb der fraglichen Diagonale.

Da

$$X = \frac{1 \cdot \eta}{\delta}$$

wird

$$Q = 1 - \frac{1 \cdot \eta}{\delta} \operatorname{tg} \beta = \frac{\operatorname{tg} \beta}{\delta} \left(\frac{\delta}{\operatorname{tg} \beta} - \eta \right)$$

und

$$D = \frac{Q}{\sin \alpha} = \frac{\operatorname{tg} \beta}{\delta} \left(\frac{\delta}{\operatorname{tg} \beta} - \eta \right) \frac{1}{\sin \alpha}.$$

Der Klammerausdruck ist als Differenz von Querkräften aufzufassen. Es ist deshalb der Wert $\frac{\delta}{\operatorname{tg} \beta}$ unterhalb Ende Ausleger aufzutragen (s. K.-Bl. 8, Fig. 4 u. 5).

Es wird dann

$$D = \frac{\operatorname{tg} \beta}{\sin \alpha \cdot \delta} (P_1 \cdot \eta_1 + P_2 \cdot \eta_2) \mu.$$

Hierin ist

$$\operatorname{tg} \beta_1 = 0{,}24 \qquad \sin \alpha = 0{,}795$$
$$\operatorname{tg} \beta_2 = 0{,}33 \qquad P_1 = P_2 = 12 \text{ t}$$
$$\operatorname{tg} \beta_3 = 0{,}43 \qquad \delta = 215 \text{ mm.}$$

$$-D_5 = -\frac{0{,}24 \cdot 12}{0{,}795 \cdot 215} (56 + 52) \cdot 10 = \underline{-18^1/_2 \text{ t.}}$$

$$+D_5 = +\frac{0{,}24 \cdot 12}{0{,}795 \cdot 215} (23{,}5 + 27{,}5) \cdot 10 = \underline{+8^1/_2 \text{ t.}}$$

Aus Eigengewicht:

$$\boxed{\boldsymbol{D_{5g} = \frac{\operatorname{tg} \beta}{\sin \alpha \cdot \delta} \cdot F \cdot g}}$$

$$D_{5g} = \frac{0{,}24 \cdot 0{,}65 \text{ t/m}}{0{,}795 \cdot 21{,}5 \text{ cm}} \left[\left(\frac{21000 \text{ qmm} \cdot 0{,}5}{10} \right) \text{cm} \cdot m - \left(\frac{90 \text{ mm} \cdot 10}{10} \right) \text{cm} \cdot 22^1/_2 \text{ m} \right]$$

$$D_{5g} = -9 \text{ t.}$$

Der Klammerausdruck stellt die Fläche der Einflußlinie für X und der Querkraftsfläche dar (s. K.-Bl. 8), beide auf den passenden Maßstab gebracht.

Analog ergaben sich die Werte:

$D_6 = -6{,}85$	und $+20{,}5$ t.	$D_{6g} = +\ 9$	t.
$D_7 = +6{,}3$	» $-19{,}3$ »	$D_{7g} = -13$	»
$D_8 = -4{,}2$	» $+22{,}2$ »	$D_{8g} = +17$	»
$D_9 = +4$	» -22 »	$D_{9g} = -16{,}5$	»

III. Einflußlinien für D_{10} und D_{11}.

Die Last $P = 1$ in b (K.-Bl. 9 Fig. 1) erzeugt im Feld $a - c$ eine Querkraft:

$$Q = \frac{1\,x'}{2\,l} - X \cdot \operatorname{tg} \beta_3$$

$$Q = \frac{\operatorname{tg} \beta_3}{\delta} \left\{ \frac{x' \cdot \delta}{2\,l \cdot \operatorname{tg} \beta_3} - \eta \right\}$$

$$D = \frac{Q}{\sin \alpha} = \frac{\operatorname{tg} \beta_3}{\delta \cdot \sin \alpha} \left\{ \frac{x' \cdot \delta}{2\,l \operatorname{tg} \beta_3} - \eta \right\}$$

Der erste Klammerausdruck läßt sich als Verhältnis

$$D : x' = \frac{\delta}{2 \operatorname{tg} \beta_3} : l.$$

schreiben und graphisch auftragen.

Wir erhalten dann die Einflußlinien für obige Stäbe.

Hier ist:

$$D_{10} = \frac{1}{\sin \alpha} \cdot \frac{\operatorname{tg} \beta_3}{\delta} \left\{ \frac{x' \cdot \delta}{2\,l \operatorname{tg} \beta_3} - \eta \right\} = \frac{1}{\sin \alpha} \cdot \frac{\operatorname{tg} \beta_3}{\delta} (P_1 \cdot \eta_1 + P_2 \cdot \eta_2) \cdot \mu$$

μ Maßstab $= 10$,
$\sin \alpha = 0{,}795$,
$\operatorname{tg} \beta_3 = 0{,}432$,
$\delta = 21{,}5$ cm,
$P_1 = P_2 = 12$ t

$$-D_{10} = \frac{1}{0{,}795} \cdot \frac{0{,}432}{215\,\text{mm}} \cdot 12\ (43 + 38\,\text{mm})\ 10 = -\ \underline{\underline{24{,}5\ \text{t.}}}$$

$$+D_{10} = \frac{1}{0{,}795} \cdot \frac{0{,}432 \cdot 12}{215\ \text{mm}} (18{,}5 + 14{,}5\ \text{mm})\ 10 = +\ \underline{\underline{10\ \text{t.}}}$$

Aus Eigengewicht:

$$D_{10g} = F \cdot g \cdot \frac{\operatorname{tg} \beta_3}{\delta \cdot \sin \alpha}.$$

$$D_{10g} = \left[\left(-\frac{21\,000}{10}\cdot 0{,}5\right)\text{m}\cdot\text{cm} - 470\cdot 1\ \text{m}\cdot\text{cm}\right]\times$$

$$\times\ 0{,}65\ \text{t/m}\cdot\frac{0{,}432}{0{,}795\cdot 21{,}5\ \text{cm}} = \underline{-25\ \text{t.}}$$

$$D_{11} = \frac{1}{\sin\alpha}\cdot\frac{\operatorname{tg}\beta_4}{\delta}(P_1\cdot\eta_1 + P_2\cdot\eta_2)\,\mu$$

$$\operatorname{tg}\beta_4 = 0{,}442$$

$$+D_{11} = \frac{0{,}442}{0{,}795\cdot 215}\cdot 12\ (43+37)\cdot 10 = \underline{+25\ \text{t}}$$

$$-D_{11} = \frac{0{,}442}{0{,}795\cdot 215}\cdot 12\ (24{,}3+21)\cdot 10 = \underline{-14\ \text{t.}}$$

Aus Eigengewicht: $D_{11g} = F\cdot g\cdot\frac{\operatorname{tg}\beta_4}{\delta\cdot\sin\alpha}$

$$D_{11g} = \left(+\frac{21\,000\cdot 0{,}5}{10}\text{m}\cdot\text{cm} + 258\cdot 1\ \text{m}\cdot\text{cm}\right)\cdot\frac{0{,}65\cdot 0{,}442}{0{,}795\cdot 21{,}5\ \text{cm}} = \underline{+22\ \text{t.}}$$

IV. Einflußlinien für D_{12} bis D_{18}.

Hier außerhalb der Schrägstütze haben wir die von $P = 1$ erzeugte Querkraft $\frac{1\cdot x'}{l}$ und diejenige durch die Unbekannte X hervorgerufene zu berücksichtigen.

Es ist deshalb

$$Q = \frac{1\cdot x'}{l} - X\cdot\operatorname{tg}\beta = \frac{\operatorname{tg}\beta}{\delta}\left(\frac{x'\cdot\delta}{\operatorname{tg}\beta\, l} - \eta\right)$$

und
$$D = \frac{Q}{\sin\alpha} = \frac{\operatorname{tg}\beta}{\delta\cdot\sin\alpha}\left(\frac{x'\cdot\delta}{\operatorname{tg}\beta\, l} - \eta\right).$$

Für $x' = l$ wird der 1. Klammerausdruck: $\frac{\delta}{\operatorname{tg}\beta}$.

Dieser Wert wird wieder wie vorher aufgetragen (s. K.-Bl. 9, Fig. 5) und erhalten wir mit der Biegungslinie für $X = -1$, die Einflußlinie für D.

D_{12}. Hier ist:
$$\underline{\frac{\delta}{\operatorname{tg}\beta_4}} = \frac{21{,}5\ \text{cm}}{0{,}442} = \underline{48{,}9\ \text{cm}}$$

$\sin\alpha$ wie vorher 0,795.

$$\underline{-D_{12}} = \frac{0{,}442\cdot 12}{21{,}5\cdot 0{,}795}(7{,}8+7{,}2)\cdot 10 = \underline{-46^1/_2\ \text{t}}$$

$$\underline{D_{12g}} = \frac{0{,}442\cdot 0{,}65}{21{,}5\cdot 0{,}795} = \left(-\frac{21000\cdot 0{,}5}{10} - 2880\right) = \underline{-66^1/_2\ \text{t.}}$$

D_{13}. Hier ist:

$$\frac{\delta}{\operatorname{tg} \beta_5} = \frac{21{,}5 \text{ cm}}{0{,}31} = \underline{69{,}4 \text{ cm}}$$

$$+\underline{D_{13}} = \frac{0{,}31 \cdot 12}{21{,}5 \cdot 0{,}795} (8{,}8 + 8{,}1) \cdot 10 = + \underline{37 \text{ t}}$$

$$-\underline{D_{13}} = \frac{0{,}31 \cdot 12}{21{,}5 \cdot 0{,}795} (0{,}9 + 0{,}6) \cdot 10 = -\underline{3{,}3 \text{ t}}$$

$$\underline{D_{13g}} = \frac{0{,}31 \cdot 0{,}65}{21{,}5 \cdot 0{,}795} \left(+ \frac{21000 \cdot 0{,}5}{10} + 3580 \right) = + \underline{67 \text{ t.}}$$

Analog ergibt sich:

$D_{18} = -18$ t	resp. $+ 10$ t		$D_{18g} = -21^1/_2$ t
$D_{17} = +18$ t	» $-$ 8,3 t		$D_{17g} = +28^1/_2$ t
$D_{16} = -27^1/_2$ t	» $+$ 7,5 t		$D_{16g} = -38$ t
$D_{15} = +27^1/_2$ t	» $-$ 6 t		$D_{15g} = +42$ t
$D_{14} = -37$ t	» $+$ 5 t		$D_{14g} = -51$ t
$D_{13} = +37$ t	» $-$ 3 t		$D_{13g} = +67$ t
$D_{12} = -46^1/_2$ t	» $\sim$		$D_{12g} = -67$ t

V. Einflußlinien für O_6—O_9.

Die Kraft $P = 1$ in b (s. K.-Bl. 10, Fig. 1) sowie die Unbekannte X in der Überspannung verursachen Momente.

Soll der Stab O_6 berechnet werden, so wählt man als Momentendrehpunkt »b«

Es ist dann:

$$O_6 \cdot h = \frac{1 \cdot x' \cdot x}{l} - X \cdot r_6$$

$$O_6 = \frac{r_6}{h \cdot \delta} \left(\frac{x' \, x \cdot \delta}{r_6 \cdot l} - \eta \right)$$

Hierin ist:

$h =$ Trägerhöhe

$r_6 =$ Hebelarm von $X = 6{,}5 + \frac{5{,}6 + 10}{2} = 14{,}3$ m.

Das erste Glied des Klammerausdruckes wird durch das Verhältnis

$$O_6 : x' = \frac{x \, \delta}{r_6} : l$$

dargestellt und eingetragen.

Die Stabkräfte für O_6 bis O_9 berechnen sich dann nach der Formel:

$$O = \frac{r}{h \cdot \delta} \cdot (P_1 \cdot \eta_1 + P_2 \cdot \eta_2)\, \mu.$$

Für O_6 haben wir:

$$h = 6{,}5 \text{ m}$$

$$r_6 = 6{,}5 + \frac{10 + 5{,}6}{2} = 14{,}3 \text{ m}$$

$$x = 5 \text{ m}$$

$$\frac{x \cdot \delta}{r_6} = \frac{5 \cdot 21{,}5}{14{,}3} = 7{,}52 \quad \text{(s. K.-Bl. 10 Fig. 2)}$$

$$\underline{-O_6} = \frac{14{,}3 \cdot 12}{6{,}5 \cdot 215} (4 + 5) \cdot 10 \quad = -\underline{11 \text{ t}}$$

$$\underline{+O_6} = \frac{14{,}3 \cdot 12}{6{,}5 \cdot 215} (18 + 16) \cdot 10 = +\underline{41 \text{ t.}}$$

Spannkraft aus Eigengewicht:

$$O_{6g} = F_0 \cdot g \cdot \frac{r_6}{h \cdot \delta}$$

$$\underline{O_{6g}} = \left(-\frac{21000 \cdot 0{,}50}{10} + 1485 \text{ m} \cdot \text{cm} \right) \cdot 0{,}65 \cdot \frac{14{,}3}{6{,}5 \cdot 21{,}5 \text{ cm}} = +\underline{29 \text{ t.}}$$

Analog ergibt sich:

$O_9 = -80$ t	$+52$ t	$O_{9g} = -77$ t
$O_8 = -64$ t	$+62$ t	$O_{8g} = -44$ t
$O_7 = -40$ t	$+60$ t	$O_{7g} = -10$ t
$O_6 = -11$ t	$+42$ t	$O_{6g} = +29$ t

VI. Einflußlinien für U_6 bis U_8.
(K.-Bl. 10, Fig. 4 u. 5.)

Der Momentendrehpunkt für U_6 ist »4«.

Die Unbekannte X greift an dem Hebelarm r gleich der Vertikalen der Überspannung an.

Die Momentengleichung lautet:

$$U \cdot h = \frac{1 \cdot x \cdot x'}{l} - X \cdot r$$

$$X = \frac{1\, \eta}{\delta}$$

$$U = \frac{r}{\delta \cdot h} \cdot \left\{ \frac{x \cdot x'}{l \cdot r} \cdot \delta - \eta \right\}$$

Der erste Klammerausdruck läßt sich wieder als Verhältnis

$$U : x' = \frac{x \cdot \delta}{r} : l$$

graphisch auftragen.

Für U_6 wird:

$$r = 5{,}6$$

$$x = 10 \text{ m}$$

$$\frac{x \cdot \delta}{r} = \frac{10 \cdot 21{,}5 \text{ cm}}{5{,}6} = 38{,}5 \text{ cm}$$

$$U_6 = \frac{r}{h \cdot \delta} (P_1 \cdot \eta_1 + P_2 \cdot \eta_2) \cdot \mu$$

$$\underline{+ U_6} = \frac{5{,}6 \cdot 12}{6{,}5 \cdot 21{,}5 \text{ cm}} (3{,}1 \text{ cm} + 2{,}9 \text{ cm}) \cdot 10 = \underline{29 \text{ t}}$$

$$\underline{- U_6} = \frac{5{,}6 \cdot 12}{6{,}5 \cdot 21{,}5} (11{,}4 + 10{,}4) \cdot 10 = \quad - \underline{105 \text{ t}}$$

Aus dem Eigengewicht:

$$\underline{U_{6g}} = F \cdot g \cdot \frac{r}{h\,\delta} = \left(\frac{21000 \cdot 0{,}5}{10} - 2420\right) \text{cm} \cdot \text{m} \cdot \frac{5{,}6 \cdot 0{,}65}{6{,}5 \cdot 21{,}5 \text{ cm}} =$$
$$= \underline{U_{6g}} = - \underline{36 \text{ t}}.$$

Analog ergibt sich:

$$U_8 = + 75 \text{ t} \quad -103 \text{ t} \qquad U_{8g} = + 28 \text{ t}$$
$$U_7 = + 56 \text{ t} \quad -104 \text{ t} \qquad U_{7g} = \sim (0)$$
$$U_6 = + 29 \text{ t} \quad -105 \text{ t} \qquad U_{6g} = - 36 \text{ t}.$$

VII. Einflußlinien für O_3 bis O_5.

Es wirke eine Last $P = 1$ im Abstand x vom Momentendrehpunkt (s. K.-Bl. 11, Fig. 1).

Der Hebelarm der Unbekannten X ist für O_3:

$$r = 6{,}5 + \frac{2{,}4}{2} = 7{,}7 \text{ m}.$$

Wir haben dann die Momentengleichung:

$$O \cdot h = 1 \cdot x - X \cdot r$$

$$X = \frac{1 \cdot \eta}{\delta}$$

$$O = \frac{1}{h} (1 \cdot x - X \cdot r) = \frac{r}{h\,\delta} \left\{\frac{x \cdot \delta}{r} - \eta\right\}$$

Der erste Klammerausdruck läßt sich wieder als Verhältnis:

$$O : x = \delta : r$$

schreiben und graphisch als geneigte Linie auftragen.

In Verbindung mit der Biegungslinie für $X = -1$ ergibt sie die Einflußlinie für O.

O_3. Hier ist:

$r = 7{,}7$ m,
$h = 6{,}5$ m,
$\delta = 21{,}5$ cm,
$R = 12$ t

$$O = \frac{r}{h \cdot \delta} (\eta_1 \cdot P_1 + \eta_2 \cdot P_2)\, \mu$$

$$-O_3 = \frac{7{,}7 \cdot 12}{6{,}5 \cdot 21{,}5\,\text{cm}} (2{,}35\text{ cm} + 2{,}75\text{ cm}) \cdot 10 = \underline{\underline{-34\text{ t}}}$$

$$+O_3 = \frac{7{,}7 \cdot 12}{6{,}5 \cdot 21{,}5} (1{,}0 + 1{,}5\text{ cm}) \cdot 10 = \underline{\underline{+16\tfrac{1}{2}\text{ t}}}$$

Aus Eigengewicht ergibt sich:

$$O_{g3} = F \cdot g \cdot \frac{r}{h \cdot \delta}$$

$$O_{g3} = (+850 - 1050) \cdot \frac{7{,}7 \cdot 0{,}65}{6{,}5 \cdot 21{,}5} = \underline{\underline{-7\text{ t.}}}$$

Analog ergibt sich:

$O_4 = -25\tfrac{1}{2} \quad +25\tfrac{1}{2}$ t $\qquad O_{4g} = +\ 8$ t
$O_5 = -\ 8\tfrac{1}{2} \quad +28\tfrac{1}{2}$ t $\qquad O_{5g} = +32$ t

VIII. Einflußlinien für U_4 und U_3.

(K.-Bl. 11, Fig. 5.)

Für U ergibt sich der Momentendrehpunkt im Knotenpunkt des Obergurtes über dem fraglichen Stab.

Die Momenten-Gleichung lautet, wenn $P = 1$ im Abstande x steht:

$$U \cdot h = 1 \cdot x - X \cdot r$$

$$U = \frac{r}{h\,\delta} \left(\frac{x \cdot \delta}{r} - \eta \right).$$

Der erste Klammerausdruck läßt sich wieder als Verhältnis $\frac{\delta}{r}$ auftragen usw.

$$U = \frac{r}{h\,\delta} (P_1 \cdot \eta_1 + P_2 \cdot \eta_2) \cdot \mu$$

Für U_4 wird $r = 5{,}7$ m (für $U_3 : r = 2{,}4$)

$$U_4 = \frac{5{,}7 \cdot 12}{6{,}5 \cdot 21{,}5\,\text{cm}} \cdot (0{,}55 + 0{,}9\,\text{cm}) \cdot 10 = +\ \underline{7\,\text{t}}$$

$$-\,U_4 = \frac{5{,}7 \cdot 12}{6{,}5 \cdot 21{,}5} \cdot (9{,}4 \ + 8{,}6\,\text{cm}) \cdot 10 = -\,\underline{88\,\text{t}}$$

Aus Eigengewicht:

$$U_{4g} = \frac{5{,}7 \cdot 0{,}65}{6{,}5 \cdot 21{,}5}\,(1050 - 3000) \qquad = -\,\underline{52\,\text{t}}$$

Die η-Werte für P in äußerster Auslegerstellung sind bei den Einflußlinien für O_3 bis O_5 und U_4 bis U_5 zu rechnen.

Analog ergibt sich für U_3

$$U_3 = +\,7{,}6\,\text{t} \qquad -84\,\text{t} \qquad U_{3g} = -\,33\,\text{t}.$$

IX. Die Kräfte in der Überspannung

rechnen sich nach der allgemeinen Gleichung:

$$S = S_0 - X \cdot S_1$$

Worin

S die wirkliche Kraft,
S_0 die Stabspannung (Zustand $X = 0$),
S_1 die Stabspannung (Zustand $X = -1$).

Berechnung der Überhöhung der Hauptträger.

Bei den großen Spannweiten und Ausladungen treten naturgemäß entsprechend große Durchbiegungen auf.

Damit nun der Katze beim Durchfahren möglichst geringes Gefälle (resp. Steigung) geboten wird, werden die Ausleger und die Hauptträger mit einer Überhöhung ausgeführt.

Zur Berechnung derselben wurde zunächst die Biegungslinie aus dem Eigengewicht mit Hilfe des Williotschen Verschiebungsplanes gezeichnet (s. K.-Bl. 12).

Die Verschiebungen ΔD, ΔU resp. ΔO wurden der Einfachheit halber mit D, U und O bezeichnet und im Maßstab $\Delta = \dfrac{S\,\text{t} \cdot s\,\text{cm}}{F\,\text{qcm} \cdot 100}$ eingetragen. Für S und F wurden die wirklichen Werte eingesetzt. Die Eintragung der Verschiebungen im Plan geht von dem schraffierten Stab in der Mitte aus, der horizontal festliegend angenommen wurde.

Die Biegungslinie wird dann durch Projektion aus dem Verschiebungsplan gewonnen.

K.-Bl. 13 zeigt die Entwicklung der Einflußlinie für die Senkung des Punktes *a*.

Zur Ermittlung derselben wurde das Moment (aus $P = 1$ im äußersten Punkt des großen Auslegers) als Belastung aufgefaßt, in Streifen geteilt, die Flächen als Kräfte im Krafteck aufgetragen.

Die Polweite H wurde hierbei gleich $E \cdot J$ angenommen, so daß man aus der nun zu konstruierenden Biegungslinie für den Trägeruntergurt die Senkungen im Maßstab 10:1 abgreifen kann. In ähnlicher Weise ist dann die Einflußlinie für die Senkung des Punktes *b* (in Mitte Brücke) gefunden worden.

Sollten die Durchbiegungen zu groß sein, so sind die entsprechenden Trägheitsmomente zu erhöhen.

Die Durchbiegungen sind:

1. für den Punkt *a*:

a) Last in äußerster Stellung auf dem großen Ausleger (*a*)
Senkung von *a* infolge Last: $\delta a_1 = 12\,(1{,}2 + 1{,}1) =$ 27,5 cm
Hebung von *a* infolge Eigengewichts: $\delta a_3 =$ 3 „
Sa. 24,5 cm

b) Last in Mitte Mittelfeld (*b*)
Hebung von *a* infolge Last: $\delta a_2 = 12\,(0{,}51 + 0{,}5) =$ 12,1 cm
Hebung von *a* infolge Eigengewichts: $\delta a_3 =$ 3,0 „
Sa. 15,1 cm

2. Für Punkt *b*:

a) Last in äußerster Stellung auf dem großen Ausleger (*a*)
Hebung von *b* infolge Last: $\delta b_1 = 12\,(0{,}5 + 0{,}46) =$ 11,5 cm
Senkung von *b* infolge Eigengewichts $\delta b_3 =$ 7,7 „
Sa. 3,8 cm

b) Last in Mitte Mittelfeld (*b*)
Senkung von *b* infolge Last: $\delta b_2 = 12\,(0{,}38 + 0{,}38) =$ 9,1 cm
Senkung von *b* infolge Eigengewichts: $\delta b_3 =$ 7,7 „
Sa. 16,8 cm

In K.-Bl. 14 sind die verschiedenen Biegungslinien gezeichnet:

a) Biegungslinie aus Last, Stellung I;
b) » » Last und Eigengewicht, Katzenstellung I;
c) » » Last, Katzenstellung II;
d) » » Last und Eigengewicht, Katzenstellung II;
e) » » Eigengewicht allein.

Berechnung der wasserseitigen Stütze.

Da dieselbe durch Wind, Bremskräfte, Eigengewicht usw. mit erheblichen Kräften belastet wird, so ist hier eine genauere statische Untersuchung, die übrigens ebenso schnell zum Ziele führt als die Methode unter Verwendung einfacher Cremonapläne, am Platze.

Die Stütze mit unterem Zugband wird als Dreigelenkbogen aufgefaßt und mit Hilfe von Einflußlinien für vertikale und horizontale Lasten berechnet.

(K.-Bl. 15 und 16.)

Die Einflußlinien für vertikale Lasten sind in diesem Fall gezeichnet, um einen Einblick zu geben für welche Auslegerstellung der Katze und da der Wind ebenfalls vertikale Kräfte erzeugt, für welche Windrichtung die ungünstigsten Druck- und Zugbeanspruchungen für den fraglichen Stab eintreten.

Um nun diese Einflußlinien genau bestimmen zu können, wurde zunächst ein Cremonaplan aus $V_a = 1$ t konstruiert; also für den Fall, daß die wandernde Last $P = 1$ t über a steht. Die daraus sich ergebenden Stabkräfte wurden mit $S_1 = S_a$ bezeichnet. Nun wären noch die Stabkräfte »S_c« aus der Belastung $P = 1$ über c im Scheitel zu finden. Bei dieser Lage der Last $P = 1$ ergibt sich für $V_a = \frac{1}{2}$ t und für

$$H_a = \frac{M_{0g}}{f} = {}^1/_2 \frac{l}{2} \cdot \frac{1}{l} = \frac{l}{4f} = 0{,}25 \text{ t},$$

(da $l = f$). Der 2. Cremonaplan gibt nun die Stabkräfte aus $H_a = 0{,}25$ t, die mit S_2 bezeichnet wurden. Die Stabkräfte aus der Belastung $P = 1$ in c berechnen sich dann nach der Formel:

$$S_c = \tfrac{1}{2} S_1 + S_2.$$

An Hand dieser Werte sind dann leicht die Einflußlinien zu zeichnen. Die Konstruktion ist aus K.-Bl. 15 ohne weiteres zu ersehen.

Es handelt sich im allgemeinen immer darum den richtigen Schnitt zu finden. An den Schnittstellen der Stäbe sind dann die inneren Stabspannungen als Kräfte anzubringen. Die Situation muß nun so getroffen sein, daß alle diese Kräfte bis auf die fragliche Stabkraft durch einen vorhandenen oder ideell zu bestimmenden Knotenpunkt (d. h. Momentendrehpunkt) gehen. Die Verbindungslinie dieses Momentenpunktes und des Fußpunktes »a« schneidet die Verlängerung der Kämpferkraftlinie $\overline{cb}$. Diese Schnittstelle ist die Belastungsscheide, die nun senkrecht herunterprojiziert, den Übergang der Einflußlinie aus plus in minus resp. umgekehrt festlegt. Alles Weitere ist aus K.-Bl. 15 zu ersehen. Die Stabkräfte können nun an Hand der wirklichen vertikalen Lasten schnell bestimmt werden.

Die Zusatzkräfte aus Eigengewicht der Stütze nach der Formel

$$S_g = \Sigma \pm F_0 \cdot g,$$

worin g = Eigengewicht pro m der Stütze,
F_0 = die Einflußfläche unter Berücksichtigung der Vorzeichen.

Einflußlinien für horizontale Kräfte.

In K.-Bl. 16 sind die Einflußlinien zunächst für H_a, H_b, V_a und V_b gezeichnet. Die Einflußlinien für die verschiedenen Momente sind ohne jede Rechnung sofort gefunden.

Beispielsweise wäre die Einflußlinie für die in m_3 (Fig. 1) auftretenden Momente wie folgt zu bestimmen:

Man verbinde m_3 mit a. Die Verbindungslinie schneidet die Kämpferkraftlinie in einem Punkte, welcher ebenso wie m_3 und der Fußpunkt a wagrecht zu projizieren sind.

Da nun M_{ma_3}''' in der Höhe von y_3 gleich M_{ma_3}'; ferner M_{ma_3}' im Fußpunkt und M_{ma_3}'' in der Höhe des zuerst gefundenen Schnittpunktes gleich Null sein müssen, so braucht man nur im Fußpunkt y_3 horizontal aufzutragen um das Dreieck konstruieren zu können.

Die Entwicklung derselben möchte ich an einem einfachen Beispiel zeigen:

Entwicklung der Einflußlinien für horizontale Kräfte
an einem Dreigelenkbogen.

Die Ableitung der Einflußlinien für horizontale Kräfte ist auf 3 Arten durchgeführt mit dem gleichen Resultat. (Die 3 schraffierten Flächen sind gleich; s. K.-Bl. 17, Fig. 11, 15 u. 19.)

1. Ein Dreigelenkbogen, Fig. 1, wird durch eine wagrechte Kraft $P = 1$ in der Höhe h angegriffen.

(Die Kämpferlinie wird der Einfachheit halber wagrecht angenommen.)

Dieser Kraft $P = 1$ wird durch die beiden Kämpferdrücke K_a und K_b das Gleichgewicht gehalten, die sich infolgedessen in einem Punkte mit der Kraft P schneiden müssen. K_b muß aber ferner noch durch den Scheitel c gehen. Wir haben deshalb:

$$H_b \cdot f = V_b \cdot \frac{l}{2} \text{ (Momentengleichung)}$$

$$V_a - V_b = 0 \text{ (Summe der vertik. Kräfte = Null)}$$

$$V_a = V_b = \frac{P \cdot h}{l}$$

$$H_a + H_b - P = 0 \text{ (Summe der horiz. Kräfte gleich Null).}$$

Für die Einflußlinie der Kräfte H_a, H_b, V_a und V_b ergeben sich dann folgende Grenzwerte:

$$\begin{array}{lll} \text{für } H_a & \text{bei } h = 0 : & H_a = 1 \\ & \text{»} \quad h = f : & H_a = {}^1/_2 \\ \text{für } H_b & \text{bei } h = 0 : & H_b = 0 \\ & \text{»} \quad h = f : & H_b = {}^1/_2 \\ \text{für } V_a = V_b & \text{bei } h = 0 : & V_a = V_b = 0 \\ & \text{»} \quad h = f : & V_a = V_b = \frac{1 \cdot h}{l} = \frac{1 \cdot f}{l} = a. \end{array}$$

Wirkt die Kraft P von rechts, so bleiben die Grenzwerte für $V_a = V_b$ bestehen, nur mit entgegengesetzten Vorzeichen. Dagegen vertauschen die Kräfte H_a und H_b ihre Grenzwerte.

Es bezeichnen nun in der Folge:

a) M''_{ma}: Moment in bezug auf Punkt »m«, entstanden aus $P = 1$, von außen, von links und oberhalb »m« wirkend;

b) M'_{ma}: Moment in bezug auf Punkt »m«, entstanden aus $P = 1$, von außen, von links, aber unterhalb »m« wirkend;

c) M_{mb}: Moment in bezug auf Punkt »m«, entstanden aus $P = 1$, von außen aber von rechts wirkend.

Es ergibt sich dann:

$$M_{ma}'' = H_a \cdot y - V_a \cdot x \quad \text{(s. Fig. 1 u. 5 K.-Bl. 17).}$$

Die Grenzwerte sind:

$$\begin{array}{ll} \text{für } h = 0 & \underline{M_{ma}'' = y} \\ \text{»} \quad h = f & \underline{M_{ma}'' = {}^1/_2\, y - ax} \end{array}$$

$$M'_{ma} = H_b\,(f - y) + V_b\left(\frac{l}{2} - x\right)$$

Die Grenzwerte sind:

$$\begin{array}{ll} \text{für } h = 0 & \underline{M'_{ma} = 0} \\ \text{»} \quad h = f & \underline{M'_{ma}} = {}^1/_2\,(f - y) + a\left(\frac{l}{2} - x\right) \\ & = \frac{f}{2} - \frac{y}{2} + \frac{f}{2} - a\,x \\ & = -\frac{y}{2} + a\,(l - x) \\ & \underline{= a\,x' - \frac{y}{2}} \end{array}$$

$$M_{mb} = V_a' \cdot x - H_a' \cdot y \quad \text{(s. Fig. 7).}$$

Die Grenzwerte sind:

$$\text{für } h = 0 \qquad \underline{M_{mb} = 0}$$

$$\text{» } h = f \qquad \underline{M_{mb} = a\,x - {}^1/_2\,y.}$$

Der Beweis, daß M_{ma}'' und M_{ma}' für $h = y$ gleich sind, ist leicht und braucht hier nicht weiter ausgeführt zu werden; ebenso derjenige, daß für $h = h_0$ $M_{ma}'' = 0$ wird.

In Fig. 11 sind die verschiedenen Einflußlinien zusammengestellt.

Hierbei ist zu beachten, daß M_{ma}'' nur für $h = y$ bis f und M_{ma}' nur für $h = 0$ bis y gilt.

2. zu Fig. 12, K.-Bl. 17.

Die Zerlegung der Kämpferkraft K_b kann bekanntlich in jedem Punkt der Geraden $\overline{bc}$ vorgenommen werden, also auch in c'.

Die wandernde Last $P = 1$ in a erzeugt:

$$\text{ein } H_a = 1 \qquad H_b = 0 \qquad V_a = \quad V_b = 0$$

$$P \text{ in } c' \text{ ein } H_a = 0 \qquad H_b = 1 \qquad V_a = -V_b = \frac{1 \cdot 2f}{l} = \frac{f}{\frac{l}{2}}.$$

was ohne weiteres einzusehen ist.

Die Momenteneinflußlinie wird dann in bekannter Weise gefunden:

nach der allgemeinen Gleichung $M_m = M_0 - V \cdot x$
durch Auftragung der Werte

$$\frac{f}{l/2} \cdot x \text{ und } 1 \cdot y \text{ (s. Fig. 15).}$$

3. zu Fig. 16, K.-Bl. 17.

In Fig. 16 ist eine dritte Ableitung dargestellt. Die wandernde Last $P = 1$ wurde in c in Richtung von $\overline{cb}$ und $\overline{ca}$ zerlegt.

Für den Punkt m ergibt sich dann das Moment

$$M_{ma} = M_0 - (-S_c) \cdot y'.$$

Die Grenzwerte für S_c sind in Fig. 18 eingetragen:

M_{ma} ist das Bogenmoment,
M_0 das Balkenmoment,
$S_c \cdot y'$ das Moment aus Sehnenkraft S_c und Hebelarm y'.

Zu beachten ist hierbei, daß die Sehnenkraft bei der gezeichneten Situation negativ ist, daß also beide Momente zu addieren sind.

Die Stütze als Zweigelenkbogen.

Das gezeigte Verfahren, Einflußlinien für wagrechte Kräfte, gilt natürlich auch für unbestimmte Systeme; beispielsweise könnte die Brükkenstütze auch als Zweigelenkbogen gerechnet werden. Zu diesem Zwecke ist für die statisch unbestimmte Größe $H_a = -1$ ein Kräfteplan entwickelt worden (s. K.-Bl. 18, Fig. 1 und 2).

In der Tabelle (rechts) sind die Werte für s, F, S_1 und endlich für

$$\Delta_1 = \frac{S_1 \cdot s}{F\,E} = \frac{\text{kg} \cdot \text{cm}}{\text{qcm} \cdot \text{kg/qcm}} = \text{cm}$$

zusammenzustellen.

Hierin bedeuten:

S_1 = Stabspannung aus $H_a = -1$ in kg,

s = Stablänge in cm,

F = der zur Verwendung kommende Querschnitt, etwa der des Dreigelenkbogens in qcm,

E hier = 100, um eine passende Vergrößerung für den Verschiebungsplan zu haben.

Letzterer kann dann in bekannter Weise gezeichnet werden. Bei Eintragung der Verschiebungen Δ geht man von dem schraffierten Stab aus, der als festliegend angenommen wird (s. Fig. 1 u. 6, K.-Bl. 18). Die Teilung von $P = 1$ in H_a und H_b erfolgt am Zweigelenkbogen auf Grund der Elastizitätsgleichung:

$$1.\ \delta_a = P \cdot \delta_{am} - H_a \cdot \delta_{aa} = 0$$

$$H_a = P \cdot \frac{\delta_{am}}{\delta_{aa}}$$

Hier ist $P = 1$ $\qquad H_a = \frac{1 \cdot \delta_{am}}{\delta_{aa}}$

nach Maxwell: $\qquad H_a = 1 \cdot \frac{\delta_{ma}}{\delta_{aa}}.$

Der Wert K für die Zustange $\overline{ab}$ wurde hierbei vernachlässigt. Die verschiedenen so gewonnenen Werte für H_a sind in der 2. Tabelle zu finden und in die Einflußlinie für H_a eingetragen worden.

Es ergeben sich für den symmetrisch ausgebildeten Bogen dieselben Grenzwerte für H_a und H_b wie bei dem Dreigelenkbogen.

Logischerweise sind dann auch die Grenzwerte für die Einflußlinien der Momente dieselben.

Um die Einflußlinien für die Momente zu finden, sind zunächst diejenigen für einen Dreigelenkbogen aufgerissen worden.

Die Differenzen innerhalb der beiden Grenzwerte können dann nach der Formel

$$\boxed{d\eta \cdot y}$$

bestimmt werden. Hierbei sind die verschiedenen Maßstäbe sorgfältig zu beachten (s. Fig. 3, 4 u. 5).

Die Stützenbelastungen.

Die Brücke einschl. der Stützen ist für folgende drei Belastungsfälle und Beanspruchungen zu berechnen:

	Beanspruchungen:
Fall 1. Brücke in Betrieb, Wind 50 kg/qm . . .	$K = 1200$ kg/qcm
Fall 2. Brücke außer Betrieb, Wind 150 kg/qm .	$K = 1400$ »
Fall 3. Brücke bei 250 kg/qm Wind noch standsicher	$K = 1600$ »

Der max. Raddruck für einen Fuß der Stütze (8 Rollen) berechnet sich:

I. Aus Eigengewicht:

für einen Fuß der Stütze (wasserseitigen):

½	Eigengewicht	der Stütze	8 t
½	»	des großen Auslegers	33 t
¼	»	der Brücke (Mittelfeld)	36 t
1	»	von Last und Katze (2 R)	24 t
½	»	des Laufwerks	11 t
			Sa. 112 t

Die horizontale Kraft aus Eigengewicht H_a ist infolgedessen (Fig. 1, K.-Bl. 15):

$$H_{ag} \cong 112 \cdot \frac{x_3}{f} = 112 \cdot \frac{6{,}4}{19} = 38 \text{ t},$$

genauer mit Hilfe der Einflußlinie für H_a aus den vertikalen Lasten (die der Einfachheit halber nicht gezeichnet):

$$H_{ag} = 20 \text{ t}.$$

$$V_{ag} = V_{bg} = 112 \text{ t}.$$

II. Aus den Windkräften.

Die für den Hauptständer in Betracht kommende Windfläche der Eisenkonstruktion wird zunächst mit $\sim$ 500 qm angenommen. Da die Windkräfte durch die Anordnung der Versteifungen alle in den Windträger geleitet werden, so verteilen sich dieselben angenähert zu gleichen Teilen auf die beiden Füße ($H_a = H_b$, s. K.-Bl. 16 u. 17).

Wir haben dann bei einer

	Windstärke von	Wind auf den Hauptständer	$H_a = \frac{W}{2}$ $H_a = H_b$	$V_a = -V_b$
Fall 1 .	50 kg/qm	(50 · 500) 25 t		
» 2 .	150 »	(150 · 500) 75 »	s. Einflußlinie	s. Einflußlinie
» 3 .	250 »	125 »		

III. Bremskräfte.

(Es werden nur die Laufräder des linken Stützenfußes abgebremst.)

$$H_{Br} = \frac{Q\,\mu}{2\left(1 - \frac{h}{l}\,\mu\right)}$$

$$\mu = 0{,}15 \text{ (Stahlguß auf Flußstahl)}$$

nach Einsetzung der Werte:

$$H_{aBr} = \frac{224 \cdot 0{,}15}{2\left(1 - \frac{(19 - 3{,}25)}{19} \cdot 0{,}15\right)} = \sim 20 \text{ t}$$

$$V_{aBr} = \frac{20}{0{,}15} \cdot 134 \text{ t.}$$

Der max. Raddruck für die Berechnung der Laufschienen und Fundamente läßt sich nun bestimmen.

Berechnung der Stabspannungen der Stütze

aus Wind, Eigengewicht, Bremsung usw.

Die Stabspannungen aus den Wind-, Eigengewicht- und Bremskräften ergeben sich nun an Hand der Einflußlinien für die Momente. Die äußeren Kräfte sind in der ungünstigsten Lage einzutragen und die »$\Sigma \eta P$« zu berechnen.

In Fig. 1, K.-Bl. 16, sind die passenden Schnitte vorzunehmen. Die Spannkraft für den fraglichen Stab rechnet sich dann nach der Formel:

$$\boxed{S = \frac{\Sigma M}{r}},$$

worin »r« der senkrechte Abstand des fraglichen Stabes vom Momentendrehpunkt.

Beispielsweise rechnet sich die Spannung des Stabes O_2 wie folgt (s. K.-Bl. 15).

Wir legen den gezeichneten Schnitt s_2. Es kommt infolgedessen die Einflußlinie für m_1 in Frage.

Die Summe der Momente wird dann durch den senkrechten Abstand des Stabes O_2 vom Momentendrehpunkt dividiert.

K.-Bl. 19, Fig. 11, bringt endlich noch die Einflußlinien zur Berechnung der zusätzlichen Stabkräfte aus Wind und Katzenbremsung in Richtung der Hauptträger.

Die Laufbahn.

Dieselbe besteht auf der Wasserseite aus zwei Laufschienen des Aachener Hütten-Aktien-Vereins Nr. 3 mit unterlegten breitflanschigen Differdinger I-Grey-Trägern Nr. 22. Die landseitige Stütze hat nur eine Schiene mit gleicher Unterlage.

Die Nachrechnung kann mit Hilfe der von W. L. Andrée gegebenen Formeln erfolgen:

$$\eta = \sim \sqrt[4]{\frac{b^2 \cdot K E_m}{J E}} \cdot \frac{2}{3}$$

$$\sigma = 0{,}5 \frac{R \cdot \sqrt[4]{R}}{W \eta}$$

$$k = 0{,}28 \frac{\sqrt{R} \times \sqrt[4]{R}}{b} \cdot \eta.$$

Hierin bedeuten:

W = Widerstandsmoment,
J = Trägheitsmoment,
E = 215000 für Flußeisen,
E_m für Beton = 140000,
k für Beton = 5 kg/qcm,
b = Schienenfußbreite,
R = max. Raddruck; hierbei sind Wind- und Bremskräfte zu berücksichtigen.

Die Verteilung auf die 8 Rollen eines Stützfußes erfolgt außerdem nicht gleichmäßig.

Die Laufbahn wird alle 2 m verankert.

Winkeleisenanschlüsse

(s. Hütte III. 964. 22).

Die Systemlinie kann in den meisten Fällen auch in die Nietrißlinie gelegt werden, bei zweireihiger Nietung von 120 mm Schenkelbreite aufwärts in den der Schwerlinie am nächsten liegenden Nietriß.

Bei gleichschenkligen Winkeleisen bis 100 · 100 und voll ausgenütztem Querschnitt genügt es, nur einen Winkel am Knotenblech anzuschließen; bei größeren Schenkellängen müßten beide angeschlossen werden.

Da die zweischenkligen Anschlüsse nicht gut aussehen und mehr Arbeit verursachen, kann man in manchen Fällen ungleichschenklige Winkel verwenden; bei denen nur der breitere Schenkel angeschlossen wird.

Bei Druckstäben sind jedoch beide Schenkel zu fassen. Übrigens ist bei gedrückten Stäben die Verwendung ungleichschenkliger Winkel zu empfehlen. Der breitere Schenkel kommt dann in die Bildfläche der Knotenbleche zu liegen. Die Winkel müssen dann der Mitte zu durch Querriegel soweit auseinander gehalten werden, daß $W_x = W_y$ wird (siehe K.-Bl. 19, Fig. 8).

Schlußbemerkung.

An Hand der Tabellen für die Stabkräfte der Hauptträger Ausführung I (s. 1. Teil) und Ausführung II ist zu ersehen, daß keine größeren Spannkräfte im unbestimmten System auftreten. Da nun die Stablängen um ca. 30—40% kleiner (Trägerhöhe 6,5 statt 9 m, Knotenpunktsentfernung 5 statt 9 m), so ergibt sich aus dieser oberflächlichen Betrachtung schon die Überlegenheit der Ausführung II, auch ist das Moment des Fahrwiderstandsausgleiches geringer. In einem Nachtrag soll nun die Gewichtsdifferenz beider Ausführungen angegeben werden. Bei dieser Gelegenheit können dann auch die genauen Windflächen ermittelt werden, welche zur Motorberechnung nötig sind. Jedenfalls ist die Gesamtgewichtsdifferenz so groß, daß die Motorleistung (bei bedeutend kleineren Windflächen) für das Fahrwerk wesentlich geringer angenommen werden kann und so allein schon durch den geringeren Stromverbrauch die zweite Ausführung wirtschaftlicher sein wird.

In genanntem Nachtrag werde ich dann (wenn möglich) den Brükkenkran mit Über- und Unterspannung durchrechnen, um zu beweisen, daß hiermit noch weitere wesentliche Gewichtsersparnisse erzielt werden können.

Die K.-Blätter 1—6 und 8—17 sowie 19 sind im Verhältnis $^2/_5$, K.-Blätter 7 im Verhältnis $^1/_{5.45}$, K.-Blätter 18 im Verhältnis $^1/_4$ nach dem Original verkleinert.

Bernhard, Die Statik der Brückenkrane.

Momente aus Last u. Eigengewicht.

Spannkräfte der ob. Gurtung

$$O_1 = + \frac{205}{9} = + 23\,t.$$
$$O_2 = + \frac{980}{9} = +108\,t.$$
$$O_3 = - \frac{1030}{9} = -114,0\,t.$$
$$O_4 = + \frac{320}{9} + 35\,t = \frac{1040}{9} = -116\,t.$$
$$O_5 = - \frac{1430}{9} = -166\,t.$$

Stabspannkr. der unter. Gtg.

$$U_1 = - \frac{555}{9} = -62\,t.$$
$$U_2 = \text{s. Einflusslinie}$$
$$U_3 = - \frac{660}{9} - 73\,t = -731\,t = +73\,t.$$
$$U_4 = + \frac{1320}{9} = +147\,t.$$
$$U_5 = + \frac{1530}{9} + 170\,t.$$

Summe der max. links-dreh. Momente
Summe der max. rechts dreh. Momente

Moment für U_5

M.f. O_5

Fig.3

$\mu = 20$ $\mu = 20$

$S = \frac{M}{h}$

Längenmaßst. $1\,mm = 1\,m$.
Kräftemaßst. $1\,mm = 20\,mt$.

Verlag R. Oldenbourg, München und Berlin.

$\mu = 10$ $\mu = 10$

10001m   -1000 tm

Lastmomente Katze im Mittelf.

Last Mom. Katze Ende Kragarm

+820 tm

Fig.2

500 tm   -500 tm

Mom. aus Eigengew.

Momente aus Eigengew.

+1210 -500 tm

$R_1 = 15,5\,t$
$R_2 = 15,5\,t$

$R_1 = 15,5\,t$
$R_2 = 15,5\,t$

4,6 m

Längenmaßst.: $1\,mm = 1\,m$.
Kräftem.: $1\,mm = 10\,tm$.

Fig.1

$L_k = 35$ $L = 110$ $L_k = 35$

$h = 9\,m$

U_5 U_4 U_3 U_2 U_1
O_5 O_4 O_3 O_2 O_1

46
284

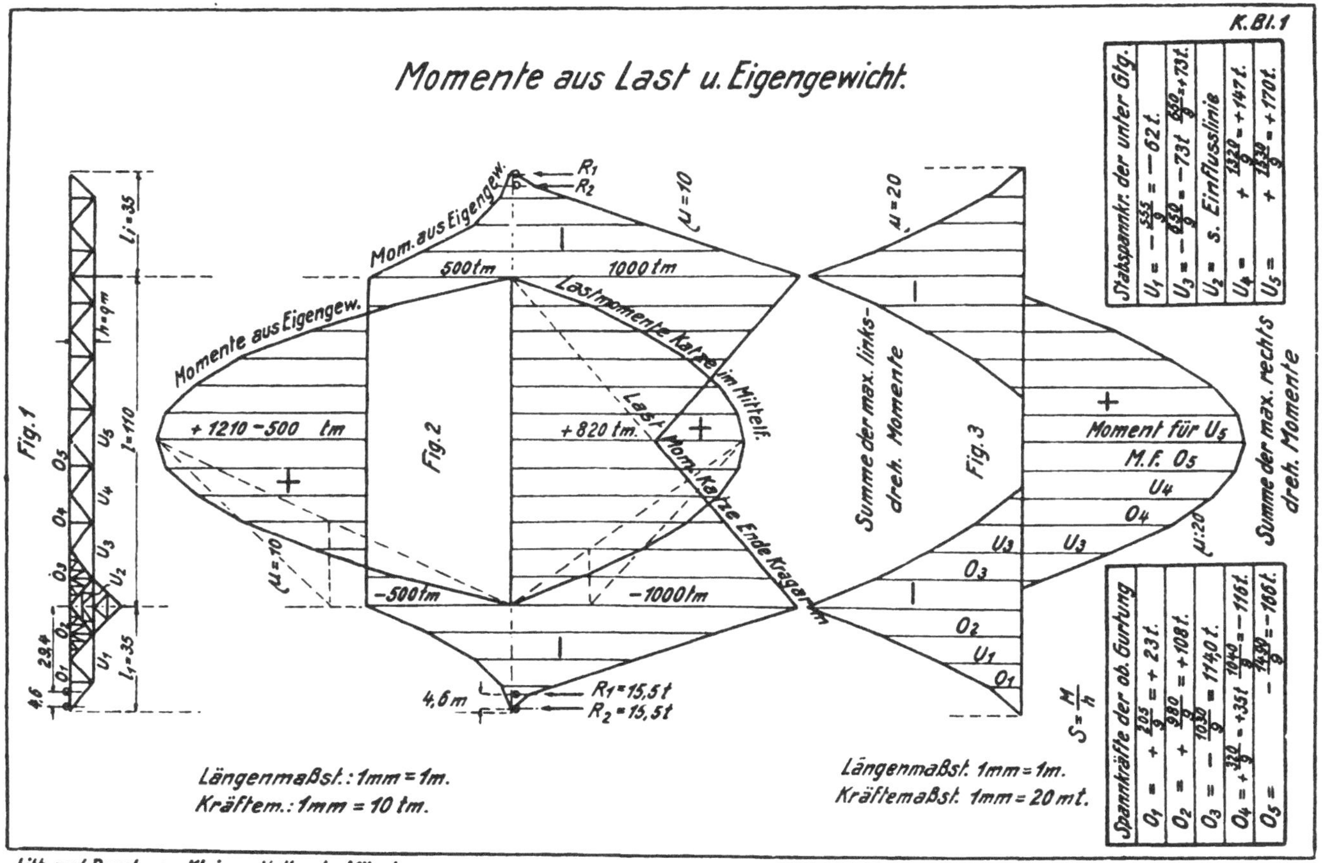

Lith. und Druck von Klein & Volbert, München.

K. Bl. 2

Querkräfte aus Last u. Eigengewicht.

Bestimmung der Diagonalen mit Hilfe von Einflusslinien.

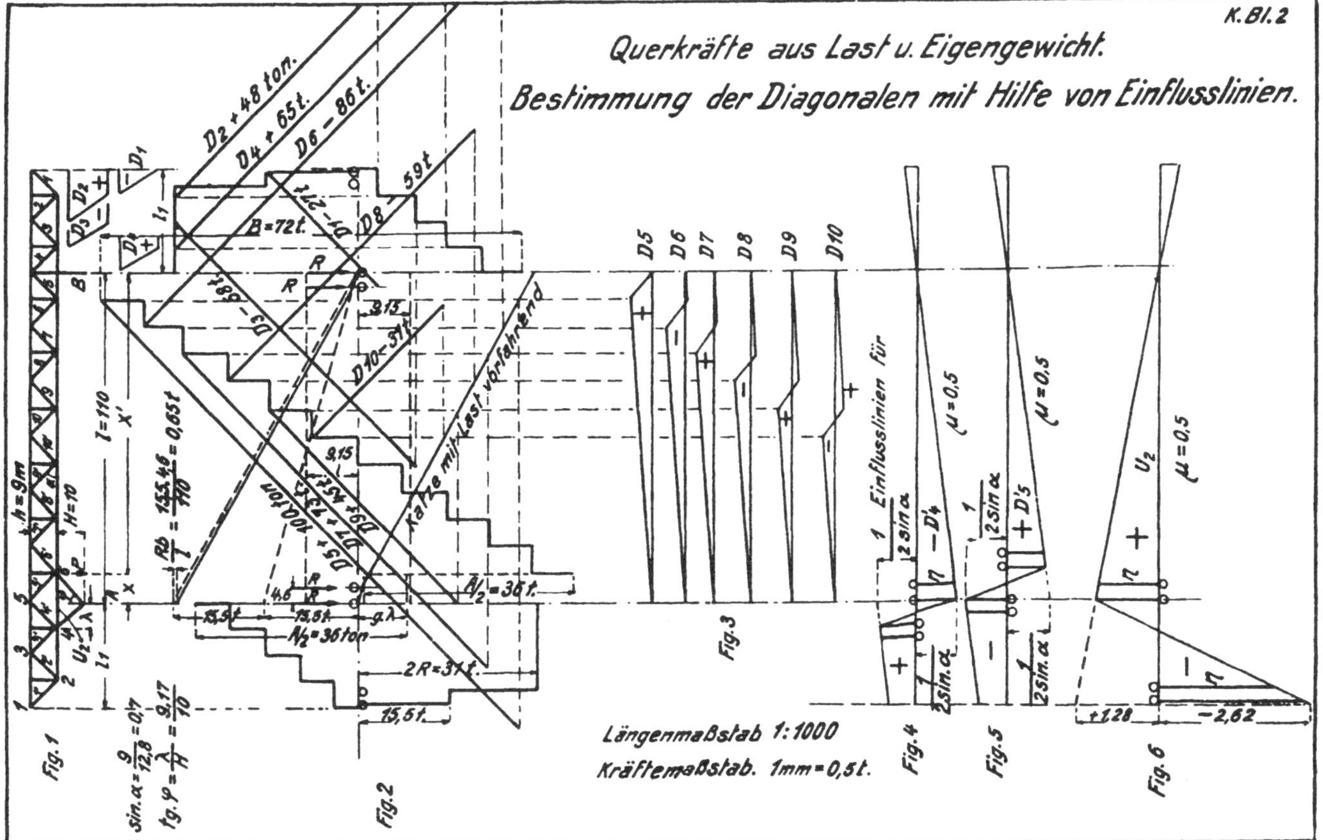

$\sin\alpha = \frac{9}{12,8} = 0,7$

$tg.\varphi = \frac{\lambda}{H} = \frac{9,17}{10}$

$\frac{Rb}{l} = \frac{155 \cdot 46}{110} = 0,65t$

Lith. und Druck von Klein & Volbert, München.

Verlag R. Oldenbourg, München und Berlin.

Bernhard, Die Statik der Brückenkrane.

K. Bl. 3

Wind- und Bremskräfte.

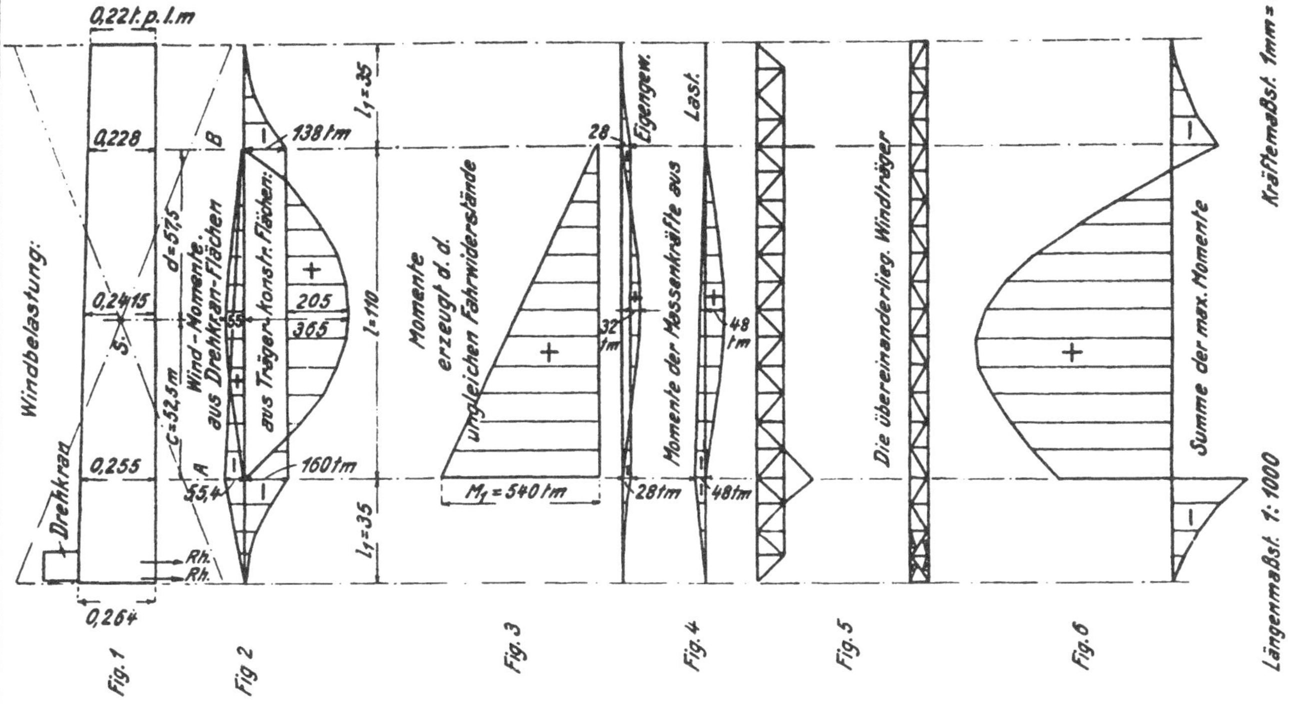

Fig. 1 Fig. 2 Fig. 3 Fig. 4 Fig. 5 Fig. 6

Lith. und Druck von Klein & Volbert, München.

Verlag R. Oldenbourg, München und Berlin.

Bernhard, Die Statik der Brückenkrane.

K. Bl. 4

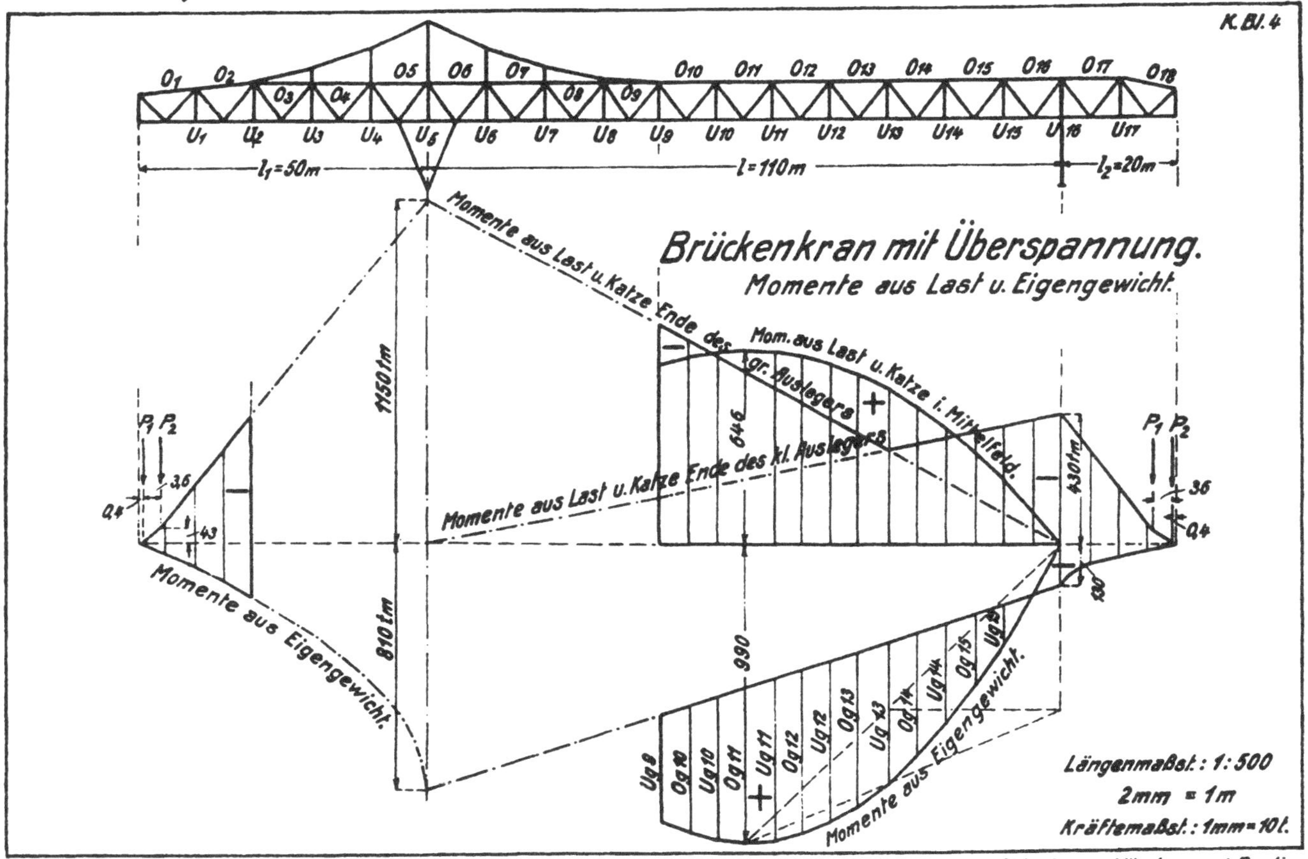

Lith. und Druck von Klein & Volbert, München.

Verlag R. Oldenbourg, München und Berlin.

K. Bl. 5

Brückenkran mit Überspannung.

Summe der max. Momente aus Last u. Eigengew.

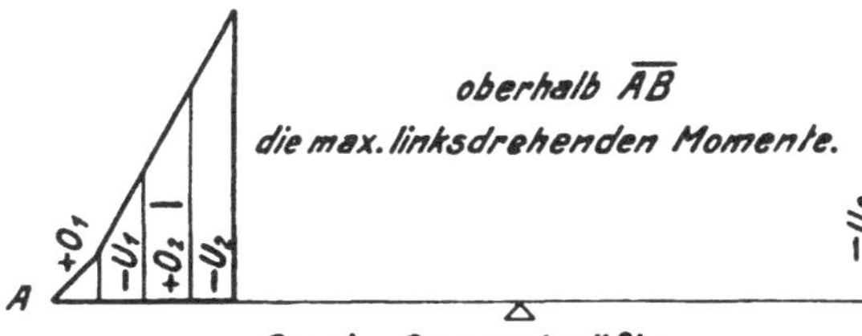

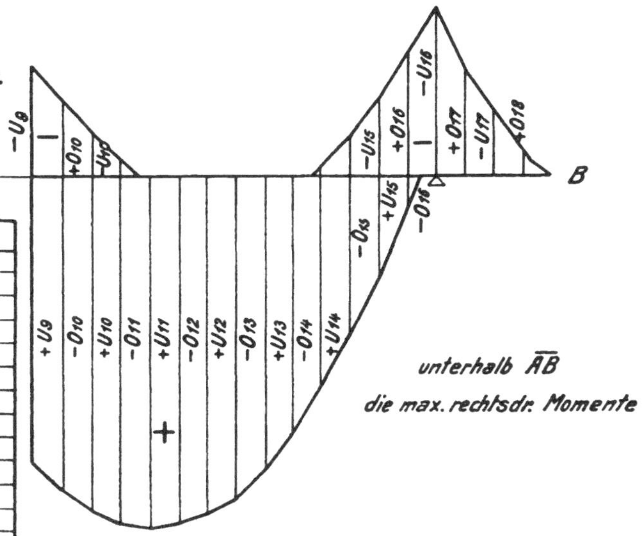

Gurt-Spannkräfte

Stab	a. Last u. Eigeng.	a. Eigeng.	Stab	a. Last u. E.	a. Eigengew.
O_1	+20 ton.		U_1	−52 ton.	
O_2	+70 t.		U_2	−94 t.	
O_3	s. Einflusslinie		U_3	s. Einflusslinie	
O_4	"		U_4	"	
O_5	"		U_5	"	
O_6	"		U_6	"	
O_7	"		U_7	"	
O_8	"		U_8	"	
O_9	"		U_9	−147 −56	+56
O_{10}	−162 −38	−65	U_{10}	−173 −23	+74
O_{11}	−180 −9	−80	U_{11}	−182	+83
O_{12}	−180	−83	U_{12}	−174	+82
O_{13}	−167	−79	U_{13}	−150	+73
O_{14}	−133	−63	U_{14}	−109	+50
O_{15}	−82 +20	−37	U_{15}	−52 −40	+20
O_{16}	−18 +63		U_{16}	−88	+20
O_{17}	− +55		U_{17}	−34	
O_{18}	− +10				

Längenmaßstab 1:500
Kräftem.: 1mm = 10 tm

Lith. und Druck von Klein & Volbert, München.

Verlag R. Oldenbourg, München und Berlin.

Bernhard, Die Statik der Brückenkrane.

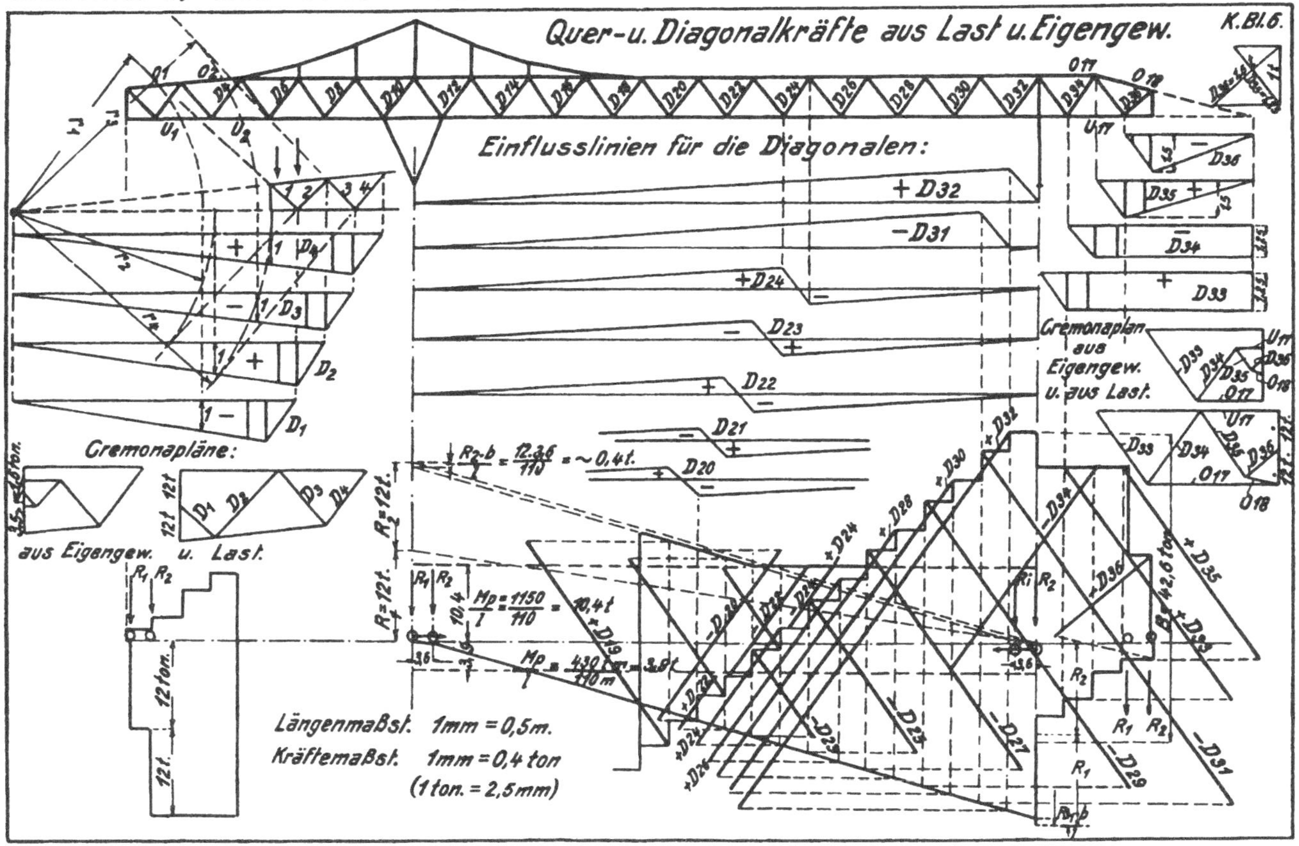

Lith. und Druck von Klein & Volbert, München.

Verlag R. Oldenbourg, München und Berlin.

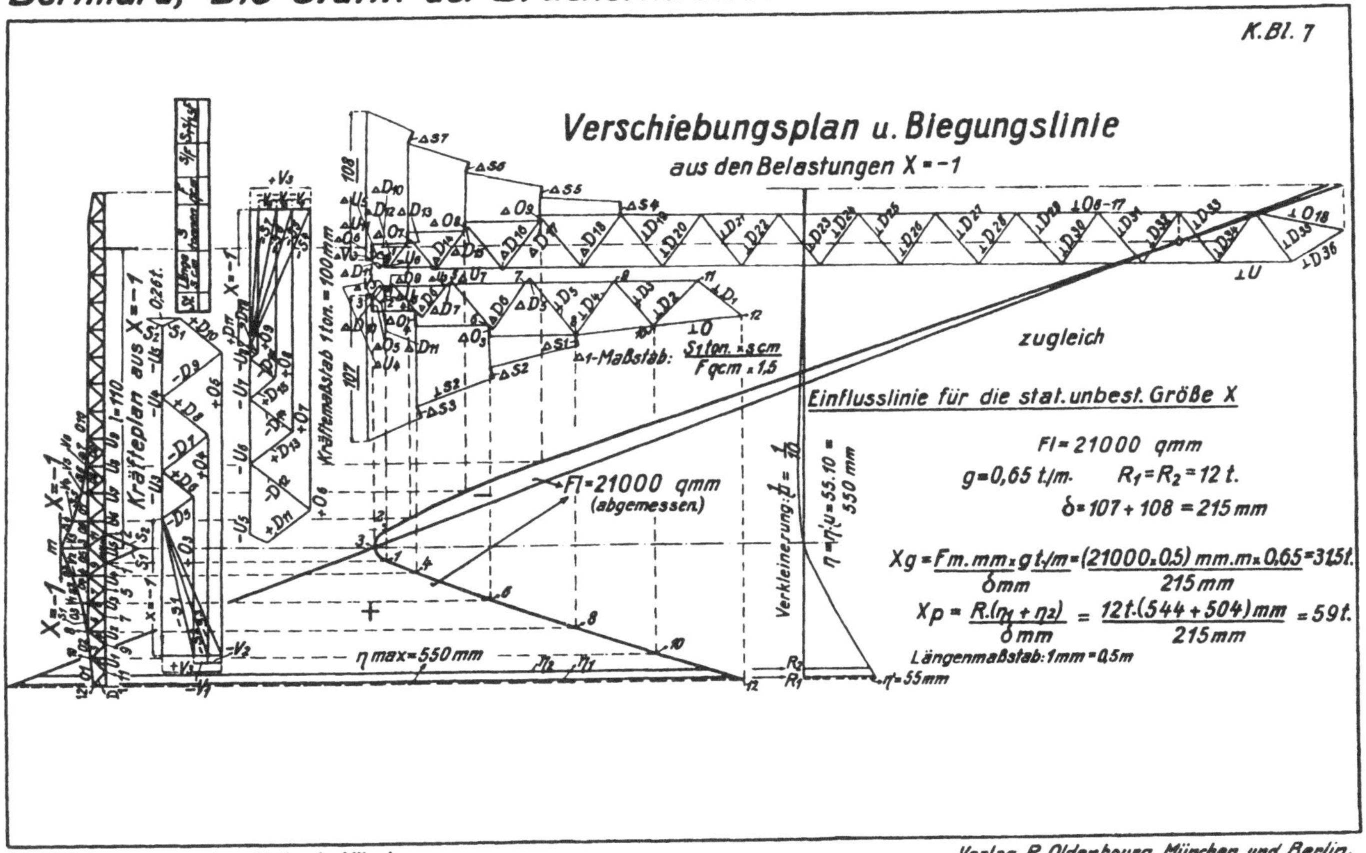

Verschiebungsplan u. Biegungslinie

aus den Belastungen X = -1

zugleich

Einflusslinie für die stat. unbest. Größe X

$$F_1 = 21000 \; qmm$$
$$g = 0{,}65 \; t/m. \qquad R_1 = R_2 = 12 \; t.$$
$$\delta = 107 + 108 = 215 \; mm$$

$$X_g = \frac{F_m . mm . g \, t/m = (21000 . 0{,}5) \, mm . m . 0{,}65}{\delta mm} = \frac{315 t.}{215 mm}$$

$$X_p = \frac{R(\eta_1 + \eta_2)}{\delta mm} = \frac{12 t . (544 + 504) \, mm}{215 mm} = 59 \, t.$$

Längenmaßstab: 1 mm = 0,5 m

Verkleinerung: $\mu = \frac{1}{10}$

$\eta = \eta_1 . \mu = 55 . 10 =$
550 mm

$F_1 = 21000 \; qmm$ (abgemessen)

$\eta \, max = 550 \; mm$

St-Maßstab: $\frac{S \, ton . i . cm}{F \, qcm} = 1,5$

Kraftmaßstab 1 ton = 100 mm

Kräfteplan aus X = -1

Bernhard, Die Statik der Brückenkrane.

K. Bl. 8

Einflusslinie für U5

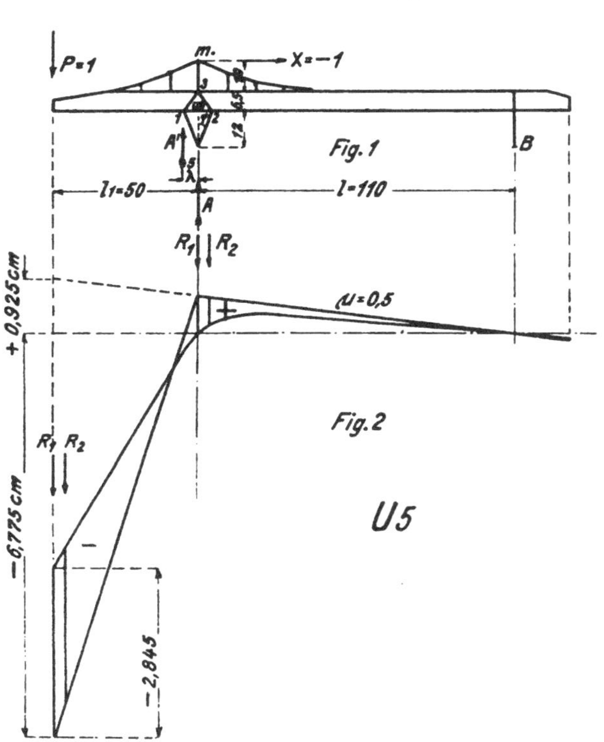

Einflusslinien für D5 u. D9

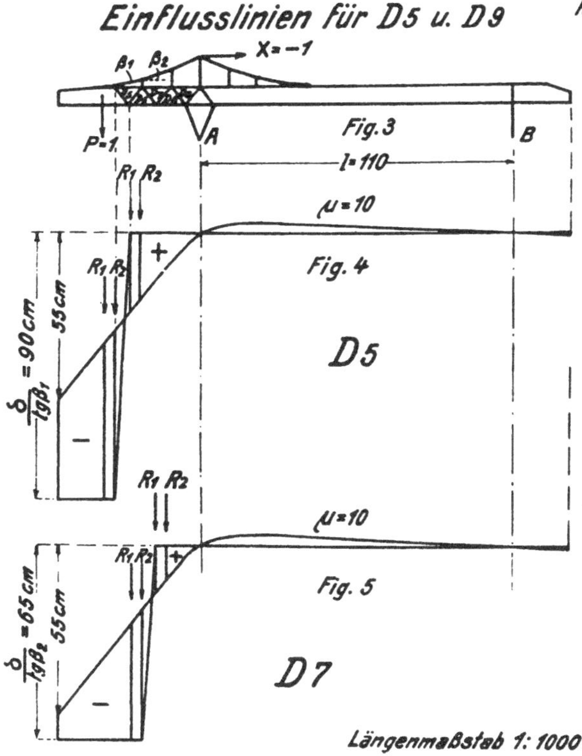

Längenmaßstab 1:1000
η-Maßst. 1:10

Lith. und Druck von Klein & Volbert, München.
Verlag R. Oldenbourg, München und Berlin.

Bernhard, Die Statik der Brückenkrane.

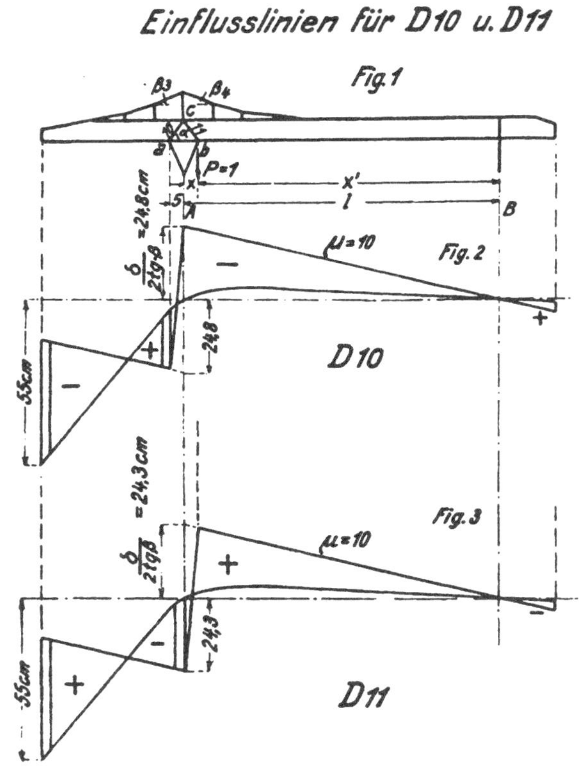

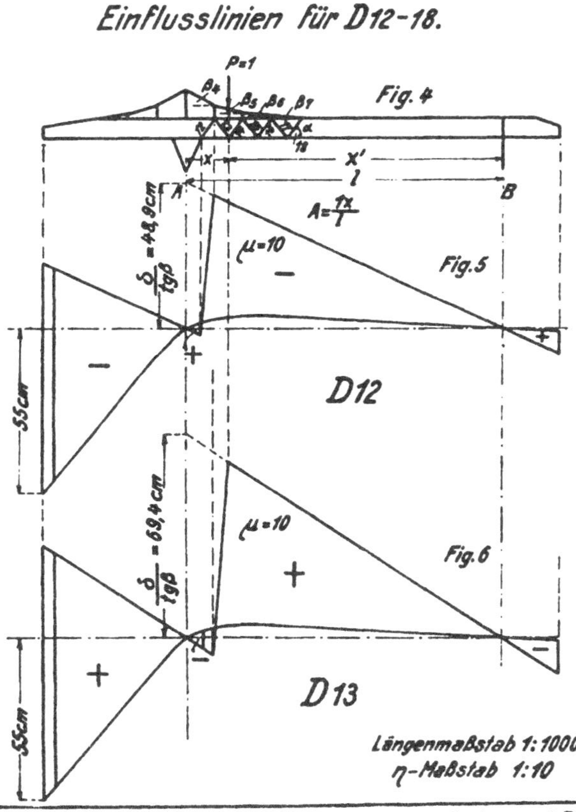

Lith. und Druck von Klein & Volbert, München.
Verlag R. Oldenbourg, München und Berlin.

Bernhard, Die Statik der Brückenkrane.

K. Bl. 10.

Einflusslinien für O6 u. O7

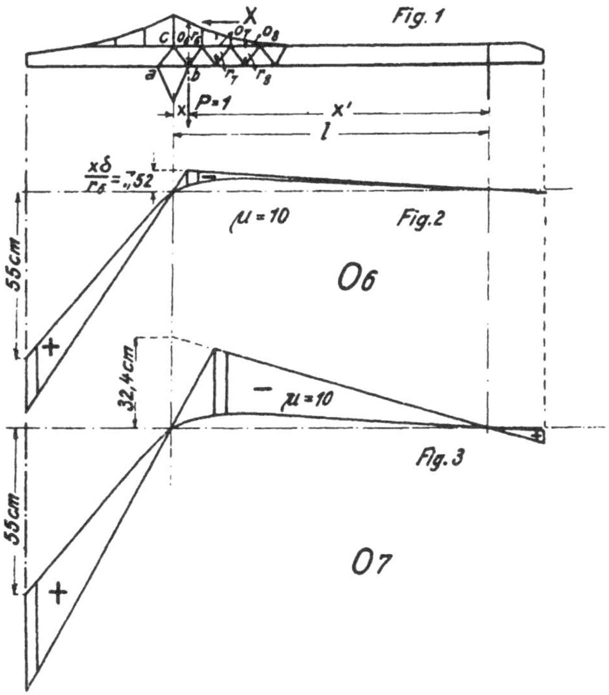

Einflusslinie für U6

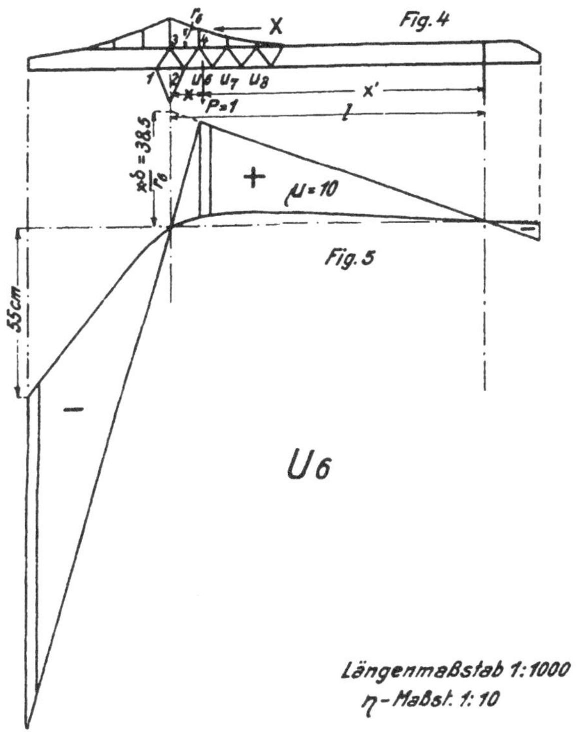

Längenmaßstab 1:1000
η-Maßst. 1:10

Lith. und Druck von Klein & Volbert, München.

Verlag R. Oldenbourg, München und Berlin.

Bernhard, Die Statik der Brückenkrane.

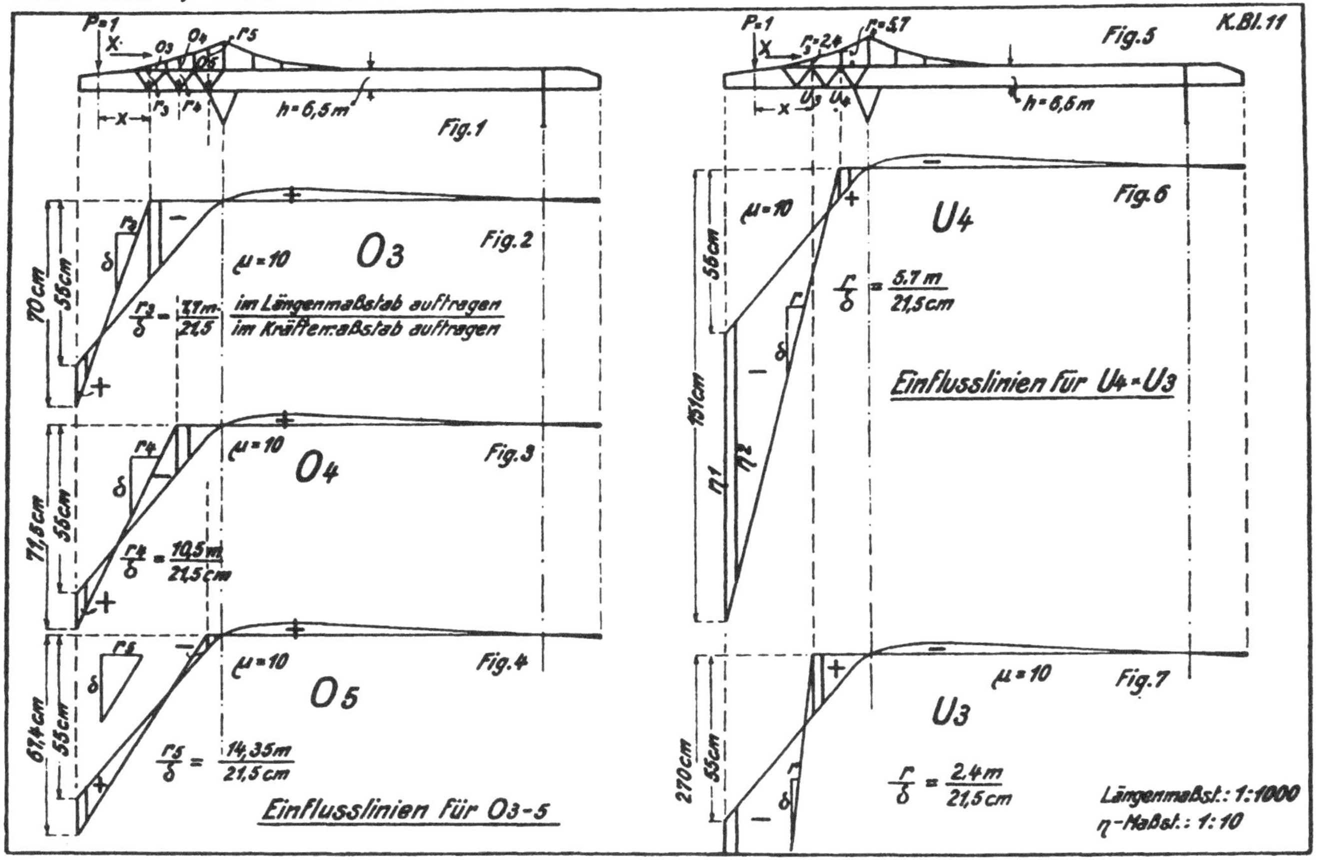

Lith. und Druck von Klein & Volbert, München.
Verlag R. Oldenbourg, München und Berlin.

Bernhard, Die Statik der Brückenkrane.

Biegungslinie aus Eigengewicht.

Verschiebungsplan

Maßst. $v \cdot \Delta = \dfrac{S(kg) \cdot s(cm)}{F(qcm) \cdot 100}$

Längenmaßstab: $1\,mm = 0,75\,m\ (750:1)$

η max. aus Eigengew. $\dfrac{205 \cdot 100 \cdot 750}{2000000} = 7,7\,cm$

η in $a = \dfrac{77 \cdot 100 \cdot 750}{2000000} = 2,9\,cm \sim 3\,cm$

205 mm

77 mm

Mitte

Verlag R. Oldenbourg, München und Berlin.

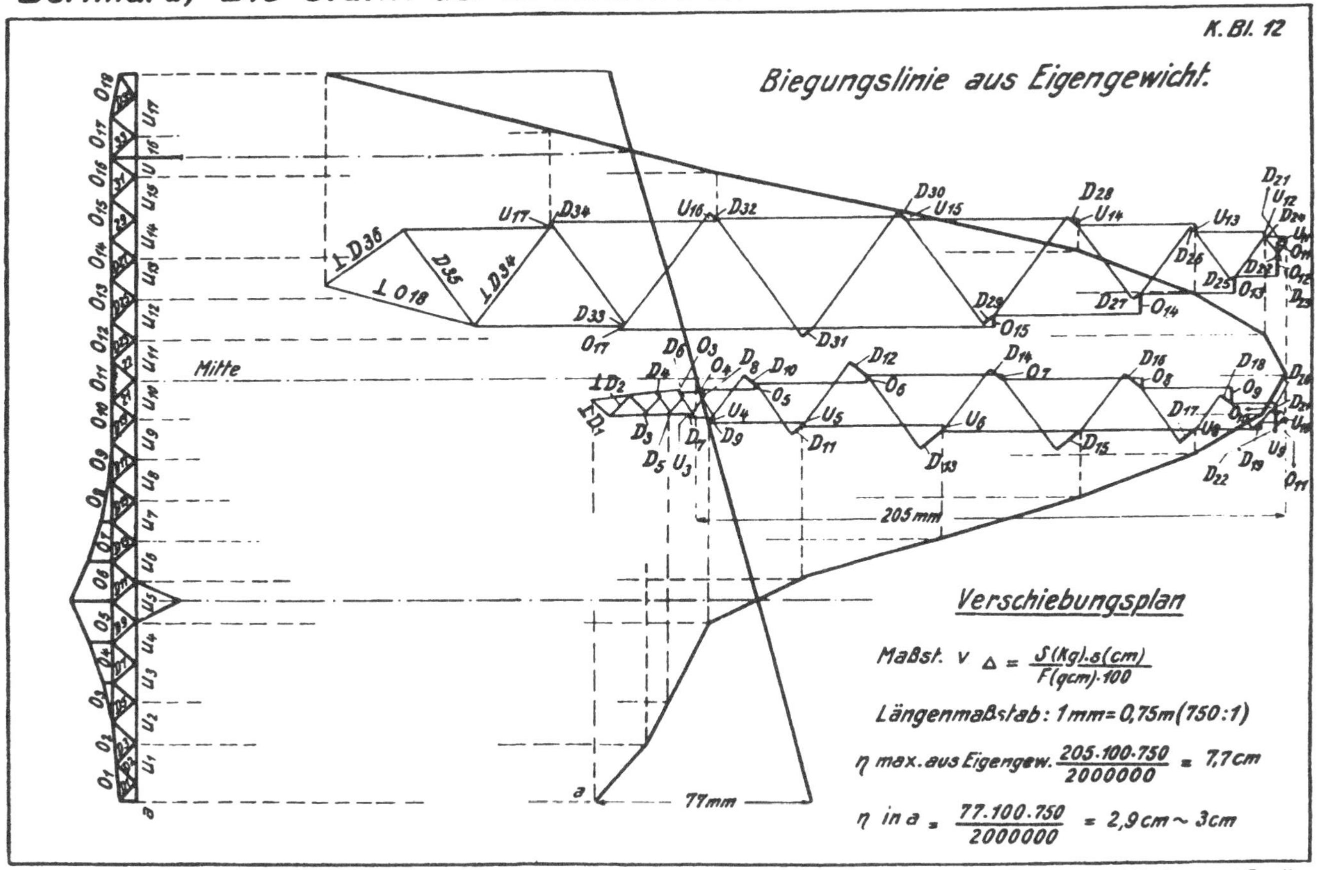

Lith. und Druck von Klein & Volbert, München.

Berechnung der Überhöhung.

$$\eta_4 = \frac{\eta \cdot H}{E \cdot J} = \frac{[(5.1000.(42.20)tm^2)\,1000 \cdot 10000]\ kg\,cm^2}{2000000 kg/qcm\ 42000000\ cm^4} = 0,5\,cm.$$

H zu messen im Kräftemaßstab.

η zu messen im Längenmaßstab.

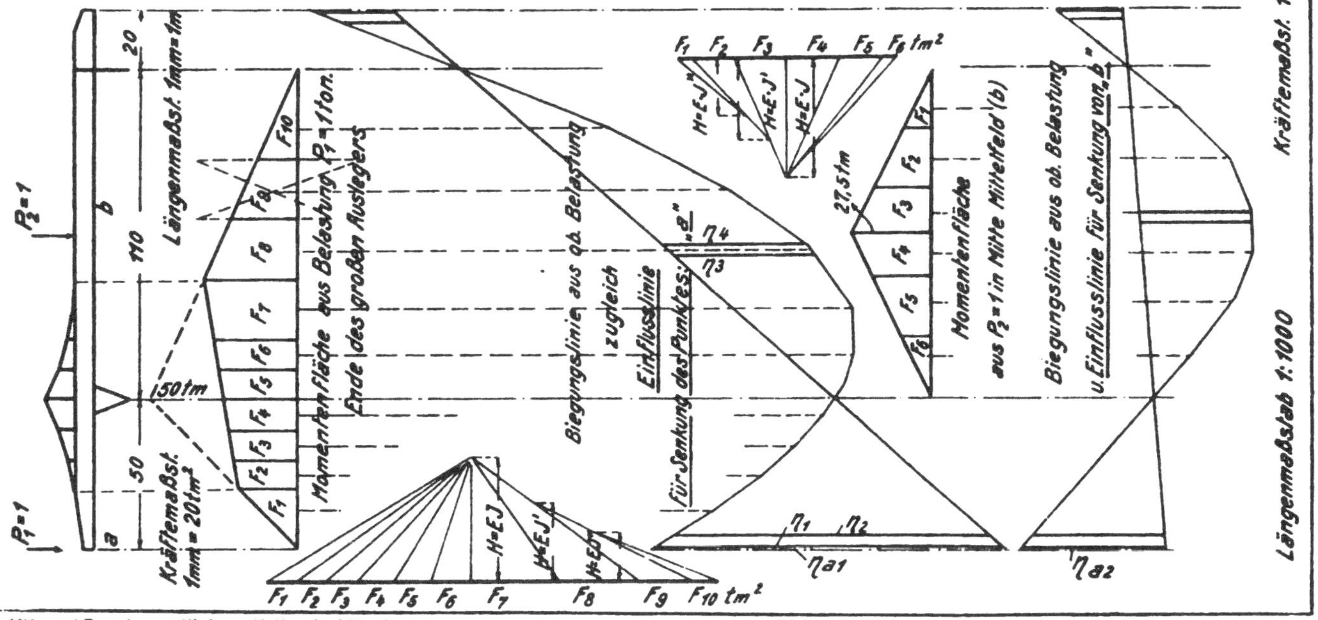

Lith. und Druck von Klein & Volbert, München. Verlag R. Oldenbourg, München und Berlin.

Bernhard, Die Statik der Brückenkrane.

K. Bl. 14

Die Überhöhungen.

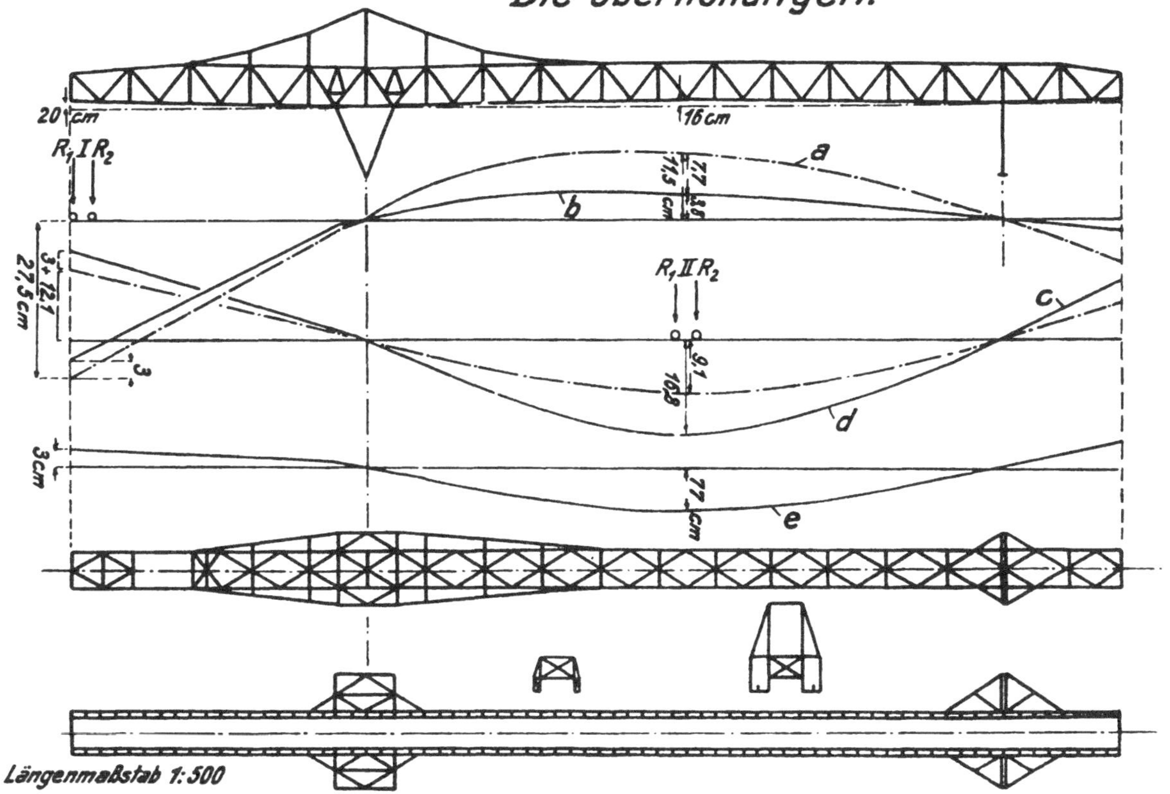

Längenmaßstab 1:500

Lith. und Druck von Klein & Volbert, München.

Verlag R. Oldenbourg, München und Berlin.

Bernhard, Die Statik der Brückenkrane.

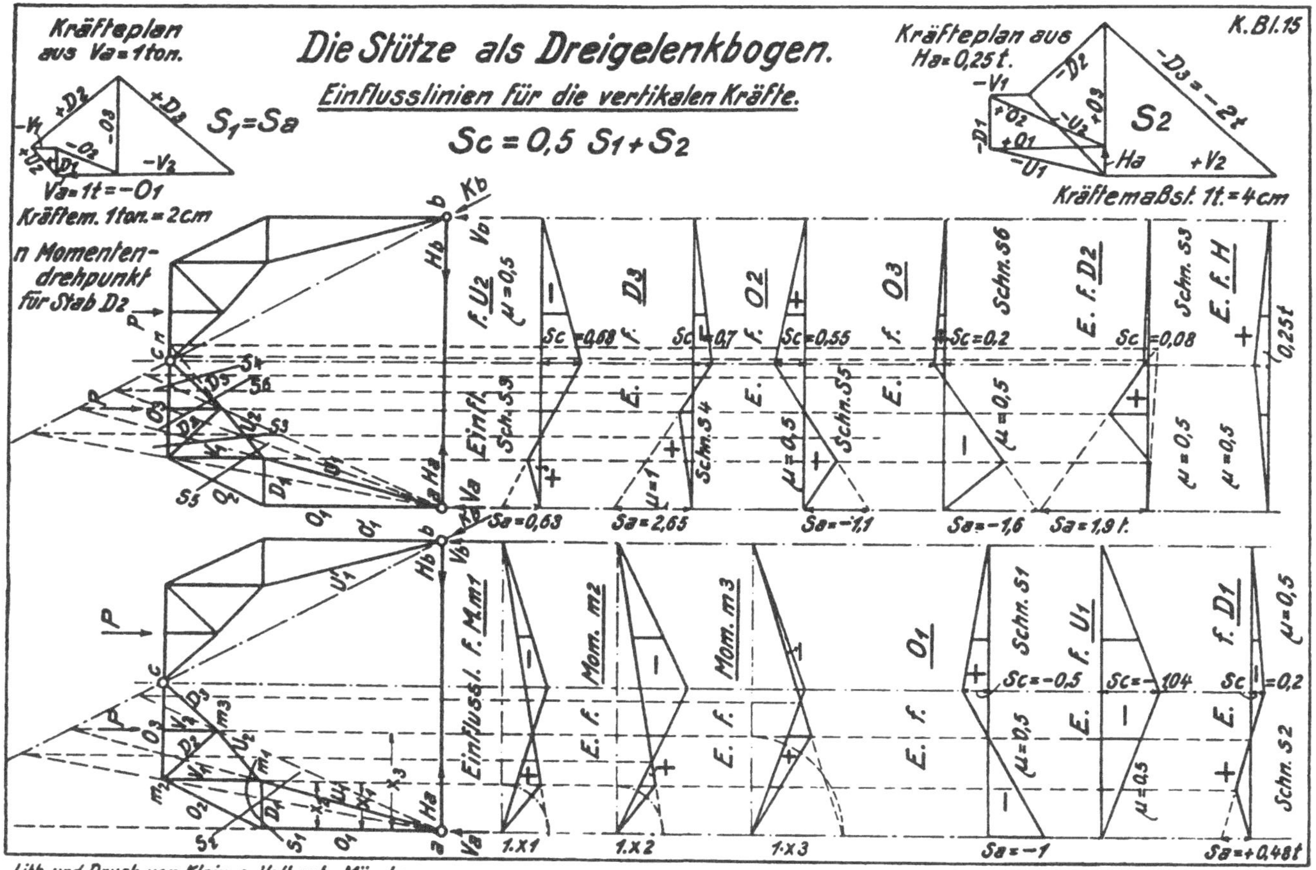

Lith. und Druck von Klein & Volbert, München.
Verlag R. Oldenbourg, München und Berlin.

Bernhard, Die Statik der Brückenkrane.

K. Bl. 16

Die wasserseitige Stütze als Dreigelenkbogen.

Einflusslinien für horizontale Kräfte: Wind, Bremsung, Massenbeschl. etc.

Nach dem Verfahren von Prof. Dr. F. Kögler.

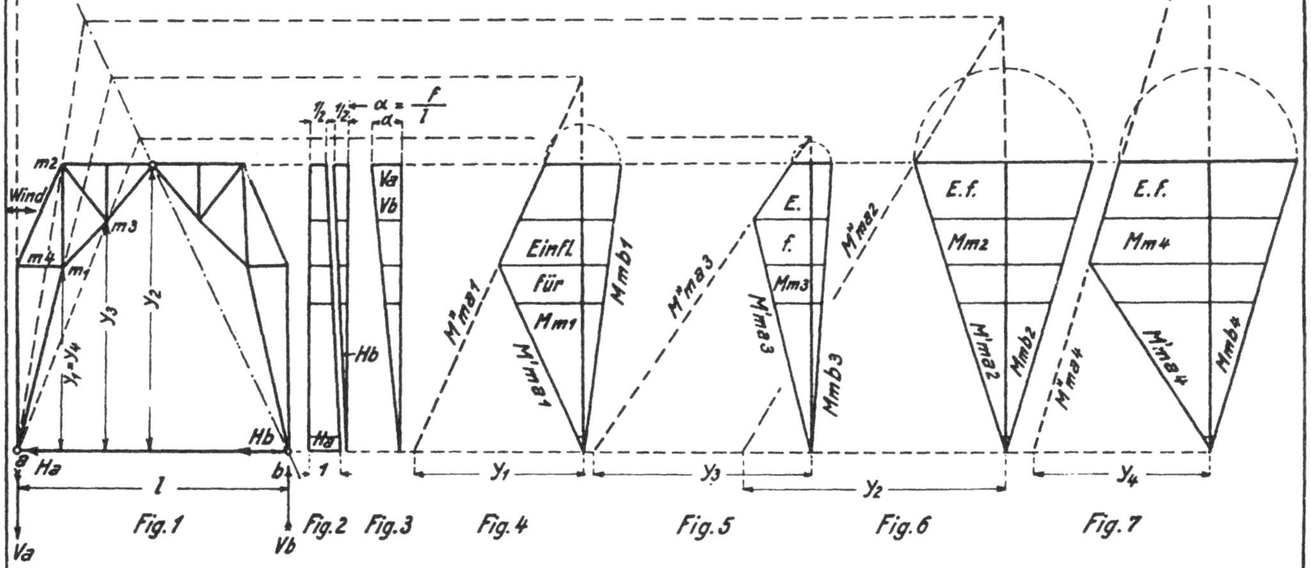

Fig. 1 Fig. 2 Fig. 3 Fig. 4 Fig. 5 Fig. 6 Fig. 7

Maßst.: 1mm = 0,2m

Lith. und Druck von Klein & Volbert, München.

Verlag R. Oldenbourg, München und Berlin.

Bernhard, Die Statik der Brückenkrane.

K. Bl. 17

Entwicklung der Einflusslinien für horizontale Kräfte an einem Dreigelenkbogen.

nach dem Verfahren von Prof. Dr. F. Kögler.

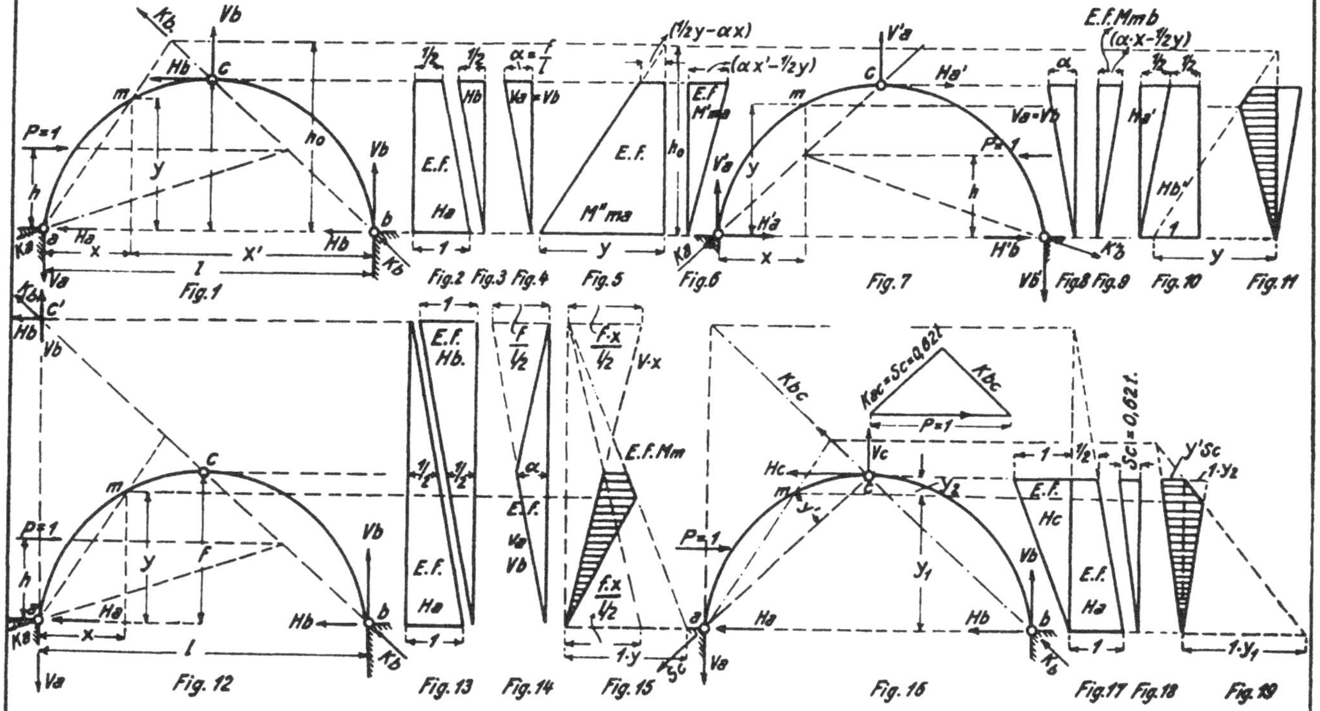

Lith. und Druck von Klein & Volbert, München.

Verlag R. Oldenbourg, München und Berlin.

K. Bl. 18

Die Stütze als Zweigelenkbogen.

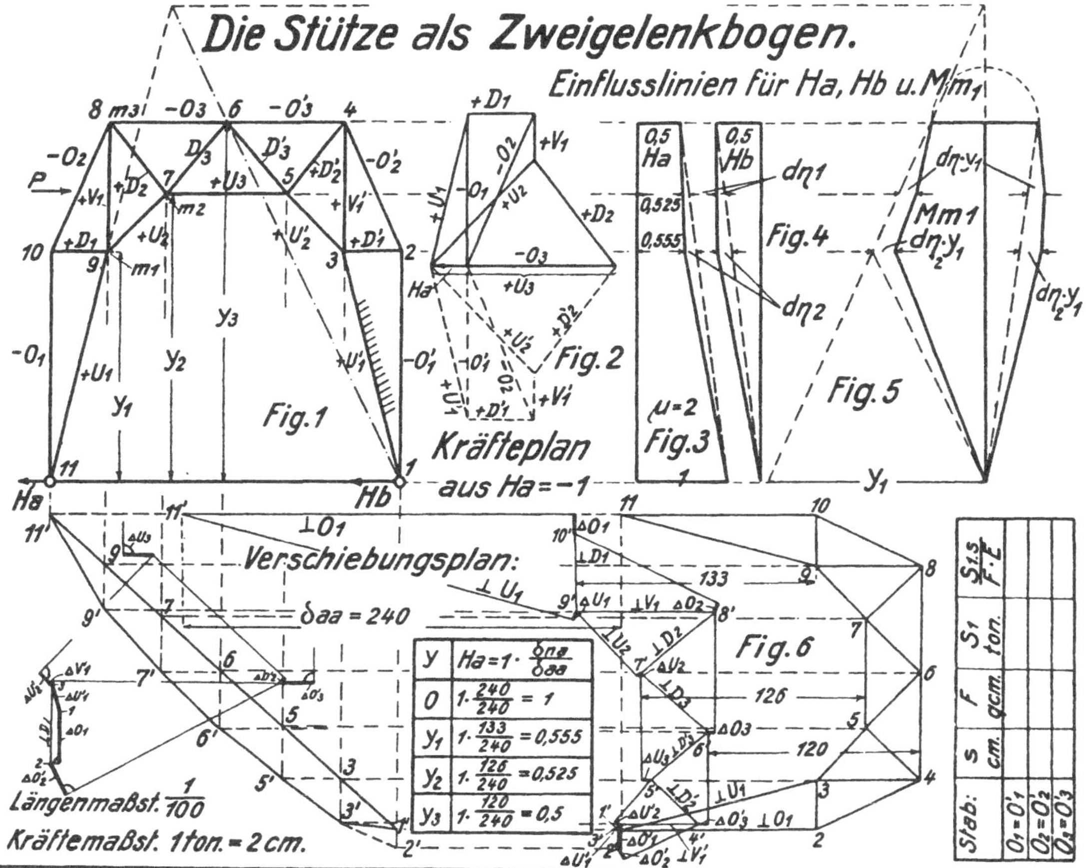

y	$Ha = 1 \cdot \frac{\delta na}{\delta aa}$
0	$1 \cdot \frac{240}{240} = 1$
y_1	$1 \cdot \frac{133}{240} = 0{,}555$
y_2	$1 \cdot \frac{126}{240} = 0{,}525$
y_3	$1 \cdot \frac{120}{240} = 0{,}5$

Stab:	s cm.	F qcm.	S_1 ton.	$\frac{S_1 s}{F \cdot E}$
$O_1 = O_1'$				
$O_2 = O_2'$				
$O_3 = O_3'$				

Längenmaßst. $\frac{1}{100}$

Kräftemaßst. 1 ton. = 2 cm.

Lith. und Druck von Klein & Volbert, München.

Verlag R. Oldenbourg, München und Berlin.

Bernhard, Die Statik der Brückenkrane.

Die Brückenkranstütze.

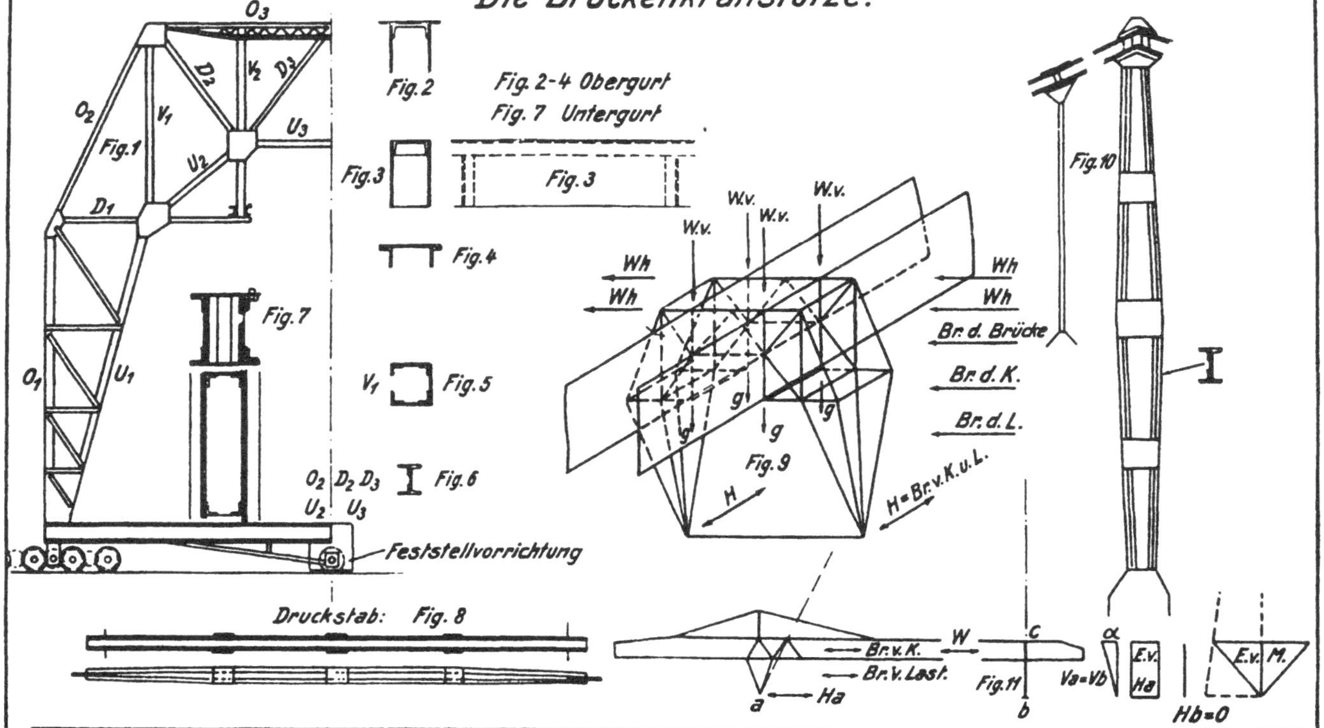

Stab.	Länge s cm	X = −1 S_1 ton	F qcm	$\frac{S_1}{F}$	$\frac{S_1 s}{EF}$	Sg	Sg $\frac{s}{FE}$	Sp	Sg+p	$S_{Br.}$	Sw.	Endg. Quersch.	Prof.

Lith. und Druck von Klein & Volbert, München.
Verlag R. Oldenbourg, München und Berlin.